全国高等农林院校"十三五"规划教材

WEISHENGWUXUE

微生物学 实验指导

李太元　许广波　主编

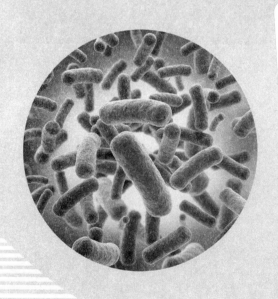

中国农业出版社
北　京

◆ 内容提要 ◆

　　微生物学是实践性很强的学科，微生物学实验技术是该学科的重要内容。本实验教材的设计分为三个层次，即基础性实验、应用性实验、综合性和设计性实验。通过基础性实验使学生学会微生物学的基本技能，应用性实验是为培养学生的专业技能而设计的，综合性和设计性实验旨在培养学生探究性学习能力和创新意识。

　　本教材适合于农科院校的本科生和专科生使用，也可作为相关专业的参考用书。

编 写 人 员

主　编　李太元　许广波
副主编　李艳茹　金　清
编　委　（以姓名笔画为序）
　　　　丁　壮（吉林大学动物医学学院）
　　　　许广波（延边大学农学院）
　　　　李太元（延边大学农学院）
　　　　李艳茹（延边大学农学院）
　　　　金　清（延边大学农学院）
　　　　金　鑫（延边大学农学院）
　　　　金春梅（延边大学农学院）
　　　　秦秀丽（吉林农业科技学院）
　　　　钱爱东（吉林农业大学动物科学技术学院）
　　　　唐玉琴（吉林农业科技学院）
　　　　黄世臣（延边大学农学院）
　　　　梁成云（延边大学农学院）

FOREWORD｜前 言

近几年来，随着微生物学科的迅猛发展，教学内容更新较快。微生物学被作为主干基础课列入了高等农业院校生命科学各专业的教学计划中。微生物学实验是微生物学重要组成部分，是微生物学教学过程中的重要内容。微生物学实验课是对学生进行独立工作能力培养的重要环节，实验教材是指导学生上好实验课的重要工具，新的培养目标和教学大纲都要求有更新颖和实用的微生物学实验教材做基垫，它对加深学生对微生物学理论知识的理解和掌握、获得微生物学实验基本技能和研究方法、提高分析问题及解决问题的能力等方面起着非常重要的作用，也为今后的学习和从事相关工作具有十分重要的现实意义。

本书是编者在积累多年实验教学经验的基础上，结合当今先进的微生物学实验技术，针对农科院校的微生物教学实际情况对实验内容重新整合和精选，编写了这本实验教材。全书根据微生物学科特点和专业的不同，分为基础性实验、应用性实验、综合性和设计性实验三部分。基础性实验是学生必须掌握的内容，要求学生学会微生物学的基本技能；应用性实验是学生结合专业特点必选的内容，目的在于培养学生的专业微生物学技能；综合性实验是学生选做的实验项目，旨在培养学生的综合性实验能力，要求学生以实验小组为单位，可参阅实验手册或相关资料，自行设计出综合性实验方案并完成实验过程；设计性实验是面向学有余力的学生，以期通过这部分实验内容来培养学生探究性学习能力和创新意识。在每项实验之后都附有思考题，便于学生复习、思考、理解和掌握。书中附录部分列举了与微生物实验相关的资料，便于学生查阅和利用。

本书可供农学、园艺、动物医学、动物科学、食品科学、环境科学和生物技术等专业本、专科生的实验课使用，也可作为其他相关专业学生的参考书籍。

本书由延边大学、吉林大学、吉林农业大学、吉林农业科技学院等长期从事微生物学教学的教师共同编写完成，书中引用了其他作者的部分内容，在此表示诚挚的谢意。

由于编写时间仓促，编者经验不足和水平有限，虽然经过反复审阅，多次修改，书中谬误和遗漏在所难免，恳请广大读者批评指正。

李太元　许广波

2015 年 9 月

CONTENTS | 目 录

第三部分　综合性和设计性实验

第四部分　附　录

第一部分

基础性实验

· ·

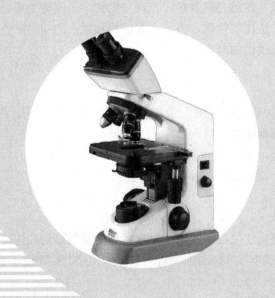

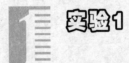

实验1

普通光学显微镜的使用及
微生物形态观察

【目的和要求】

1. 复习光学显微镜的结构，巩固低倍镜与高倍镜的使用技术，学习并掌握油镜（油浸系物镜）的基本原理和使用方法。

2. 掌握利用显微镜观察不同种类微生物的基本技能，了解球菌、杆菌、放线菌、酵母菌、真菌在光学显微镜下的基本形态特征。

【概述】

微生物的个体很小，必须借助于放大倍率较高的显微镜才能观察研究它们的个体形态和细胞结构，因此，显微镜是微生物学研究者不可缺少的工具。显微镜的种类很多，其中普通光学显微镜是最常用的一种，只有正确掌握显微镜的低倍镜、高倍镜、油镜的使用方法，才能正确地观察和研究微生物的形态。油镜（油浸系物镜）的放大倍数最大，对微生物学研究更为重要，与其他物镜相比油镜的使用方法比较特殊，需要在载玻片和镜头之间滴加香柏油，以增加照明亮度和提高显微镜的分辨率。

【实验材料】

1. **标本片** 枯草芽孢杆菌、金黄色葡萄球菌、放线菌、黑曲霉、木霉、镰刀菌、酵母菌等标本片。

2. **仪器** Nikon YS100 生物显微镜。

3. **其他用品** 香柏油、二甲苯、擦镜纸、绸布等。

【实验内容】

显微镜是精密光学仪器，操作前要熟悉显微镜的结构和性能，在使用过程中也要特别小心。本实验使用 Nikon YS100 生物显微镜，其基本结构如图1-1。

一、显微镜的使用

1. 观察前的准备

（1）将显微镜置于平稳的实验台上，镜座距离实验台边沿约为 10cm。使用前应先检查各部件是否完好，镜头是否清洁，并做好必要的清洁和调整工

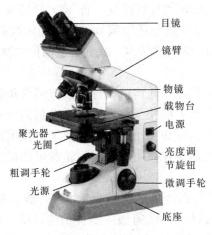

图 1-1　Nikon YS100 生物显微镜

作。实验报告书和记录本放在显微镜的右侧。

（2）调节光源。打开主机电源开关，调节亮度调节旋钮获得适当的照明亮度。将聚光器上升到最高位置，一般情况下聚光器在使用过程中都放在最高位置。适当调节聚光器的高度也可改变视场的照明亮度，方法是先调节聚光器虹彩光圈数值与物镜的数值口径相一致，然后升降聚光器的高度来改变视场的亮度，此时原则上不应再改变虹彩光圈的大小。

观察染色标本片时，光线宜强；观察未染色标本片时，光线不宜太强。

（3）观察者坐姿要端正，调节目镜筒的间距，使左右眼视场重叠合一，操作过程中始终用双眼进行观察，以减少疲劳。调节左右目镜上的屈光度调节环，以适应双眼视力有差异的观察者。

2. 放置标本片　降低载物台，将标本片放在载物台上并用标本夹夹住，然后提升载物台使物镜下端接近标本片，通过调节载物台纵横向移动手轮使观察物像处在物镜的正下方。

3. 显微观察　镜检任何标本片应养成先用低倍镜观察的习惯，特别是初学者。这是因为低倍镜视野较大，容易找到观察目标和确定观察位置。显微观察一般都应遵循从低倍镜到高倍镜再到油镜的观察顺序。

（1）低倍镜观察：旋转物镜转换器，将 10× 物镜转入工作位置，当旋转到位时物镜会自动卡位，通过转动粗微调手轮对标本进行聚焦。具体方法是：旋转粗调焦手轮将载物台提升至最高点，通过目镜进行观察，慢慢旋转粗调焦手轮，降低载物台，当标本物像出现时再旋转微调焦手轮进行精确对焦。慢慢转动载物台纵横向移动手轮使标本片移动，认真观察标本片各部位，找到合适的标本物像，仔细观察并记录所观察到的结果。

注意：使用任何物镜观察都必须养成正确的调焦习惯。即，先从侧面注视镜头，小心调节载物台靠近物镜，在用目镜观察时，只能是将载物台朝着降低的方向调节粗调焦手轮，使用高倍镜时尤其要注意这一点，以防止误操作而损坏镜头和标本片。

（2）高倍镜观察：旋转物镜转换器，将40×物镜转入工作位置，使用亮度调节旋钮对视场中的亮度进行适当调节。慢慢旋转微调焦手轮使物像清晰，利用载物台纵横向移动手轮移动标本，找到合适的标本物像，仔细观察并记录所观察到的结果。

在一般情况下，当物像在低倍镜视野中已清晰对焦后，将高倍镜转到工作位置进行观察时标本片上的物像将保持基本准焦的状态，这种现象称为物镜同焦现象。这样可以保证在使用高倍镜或油镜时仅用微调焦手轮即可对物像进行清晰对焦，从而避免在使用粗调焦手轮时可能误操作而损害镜头或载玻片。

（3）油镜观察：旋转粗调焦手轮降低载物台，旋转物镜转换器将40×物镜转离，在标本片上的观察区域滴加一滴香柏油，将100×物镜转入工作位置，从侧面注视并缓慢旋转粗调焦手轮上升载物台，将镜头浸入香柏油中并几乎贴近标本片，此时应特别注意，不要因过度旋转粗调焦手轮而使镜头压碎标本片。

调节视场亮度，缓慢旋转微调焦手轮使载物台下降，直至视场中出现清晰物像为止。此时应注意，旋转调焦手轮的旋转方向只能朝着载物台下降的方向旋转。如果镜头已离开油面，仍然未出现物像，则必须再从侧面注视，将100×物镜重新浸入油滴中，重复以上操作，直至出现物像为止。利用载物台纵横向移动手轮移动标本，找到合适的标本物像，仔细观察并做好记录。

4. 维护与保养

（1）观察完毕后，下降载物台，将100×物镜转出，取下标本片。

（2）先用擦镜纸擦去镜头上的香柏油，再另取1块干净的擦镜纸蘸少许二甲苯溶液擦去镜头上残留的油迹，最后再用干净的擦镜纸朝一个方向擦拭镜头3～4次，擦去残留的二甲苯，以防止二甲苯对镜头造成损伤。

（3）用擦镜纸清洁其他物镜及目镜，并用软绸布擦拭载物台等金属部件。

（4）把光源灯亮度调至最低，关闭主机电源开关。将最低放大倍数的物镜（4×物镜）转到工作位置，同时把载物台降至最低位置，降下聚光器。

（5）将显微镜放回固定位置，并罩上显微镜罩套。

二、标本片的观察

1. 分别观察杆菌、球菌、酵母菌、真菌菌丝等在高倍镜和油镜下的形态，注意观察它们的个体形态、大小、排列方式。有芽孢的细菌，观察其菌体两端情况及芽孢着生位置。

2. 选择典型而标准的图像，拍摄数码图片，并注明物镜放大倍数和总放大率。

【思考题】

1. 使用油镜观察标本时，为什么要在标本片上滴加香柏油？使用油镜时应注意哪些问题？

2. 用显微镜观察标本时，为什么先用低倍镜观察，而不是直接用高倍镜或油镜观察?

3. 根据你的实验体会,你认为影响本次实验操作能否成功的关键步骤有哪些?

附:油镜的基本原理

一、油镜的识别

在低倍物镜、高倍物镜和油镜 3 种物镜中,油镜的放大倍数最大,而工作距离最短。油镜筒上一般标有 100× 字样,或刻有 OI 或 HI 字样,有的还刻有一圈红线或黑线标记。

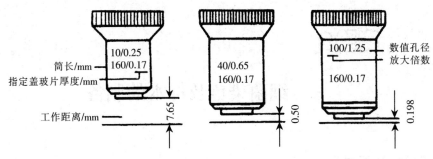

图 1-2　显微镜物镜参数示意

二、显微镜的分辨率

分辨率是指显微镜能分辨出物体两点间最小距离 (D) 的能力,D 值愈小表明分辨率愈高。D 值与光线的波长 (λ) 成正比,与物镜的数值孔径 (NA) 成反比。

$$D=\frac{\lambda}{2NA}$$

从上式可看出,缩短光波长和增大数值孔径都可提高分辨率。数值孔径指光线投射到物镜上的最大角度 (称镜口角,α) 的一半正弦与介质折射率 (n) 的乘积。

$$NA=n\times\sin\frac{\alpha}{2}$$

影响数值孔径大小的因素,一是镜口角,二是介质的折射率。当物镜与载玻片之间的介质为空气时,由于空气 (n=1.52) 的折射率不同,光线会发生折射,不仅使进入物镜的光线减少,降低了视野的照明度,而且会减少镜口角 (图 1-3a)。当以香柏油 (n=1.515) 为介质时,由于它的折射率与玻璃相近,光线经过载玻片后就可直接通过香柏油进入物镜而不发生折射 (图 1-3b),不仅增加了视野的照明度,更重要的是通过增加数值孔径达到提高分辨率的目的。可见光的波长平均为 0.55μm。当使用数值孔径为 0.65 的高倍镜时,它能辨别两点之间的距离为 0.42μm;而使用数值孔径为 1.25 的油镜时,能辨别两点之间的距离则为 0.22μm。

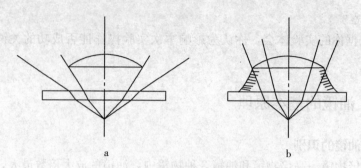

图 1-3　介质为空气与介质为香柏油时光线通过的比较
a. 介质为空气　b. 介质为香柏油

 实验2

细菌染色及标本的制备

【目的和要求】

1. 掌握细菌、放线菌、酵母菌和霉菌的简单染色技术。
2. 学习细菌芽孢、荚膜和鞭毛的染色技术。
3. 掌握基本的微生物标本片制作技术。

【概述】

　　染色和制作标本片是微生物学研究中的一项基本技术。由于微生物细胞个体微小且呈透明或半透明状态，在光学显微镜下难以识别和观察。因此，利用染料对微生物细胞进行染色，使菌体着色，着色后的菌体折光性弱，色差明显，与视野背景形成鲜明对比，从而能够比较清晰地观察到微生物细胞的形态及结构特征。为了观察到真实、完整的微生物细胞形态结构，根据不同微生物的特点采取不同的染色方法和制片技术。

　　染色分为简单染色法和复染法（如革兰氏染色、抗酸染色等），对于细菌的特殊结构还需采用特殊的染色方法，如芽孢、鞭毛及荚膜染色法。简单染色是用一种染料使菌体着色以显示出其形态的方法，该方法一般难以辨别细菌细胞的构造。革兰氏染色是复染法中一种重要的鉴别染色方法，可将所有的细菌区分为革兰氏阳性菌和革兰氏阴性菌。细菌的芽孢因有厚而致密的壁、荚膜与染料的亲和力弱而不易着色、鞭毛因其直径极细（10～20nm），对这些细菌的特殊结构需采用特殊的染色方法。

　　细菌芽孢结构致密，通透性差，着色较难，用普通染色法染色时，菌体易着色而芽孢不着色，但是芽孢一旦着色后也很难被脱色。因此，芽孢染色的基本方法是用着色力强的染料（孔雀绿或石炭酸复红）在加热条件下染色，先使菌体和芽孢都着色，再水洗（或用脱色剂）脱色，然后再换用对比度大的另一种染料复染，使菌体染上复染剂颜色，而芽孢仍为原来的颜色，即将芽孢和菌体区分开来。

细菌荚膜与染料的亲和力很弱，不易着色且容易被水洗去，因此常用负染法进行染色，使背景着色，而荚膜不着色，在深色的背景下菌体周围呈现出浅色或无色的透明圈。由于荚膜的含水量在 90% 以上，所以在染色时不能采用加热固定的方法，以免使荚膜缩水变形。

细菌的鞭毛极细，直径在 $10\sim20nm$，若要在普通光学显微镜下看到鞭毛，则需要特殊的染色方法。不同的鞭毛染色方法，其基本原理相同，即在染色前先用媒染剂处理，让它在鞭毛上沉积，使之加粗，然后再进行染色。常用的媒染剂是由单宁酸和氯化高铁或钾明矾等配制而成。硝酸银鞭毛染色法是常用的且效果较好的染色方法之一。

对细胞个体较小的细菌进行制片时通常采用涂片法，即把菌体均匀地涂抹在载玻片上，然后再加热固定并杀死大部分细菌而不破坏细胞形态。

【实验材料】

1. 菌种　枯草芽孢杆菌、大肠杆菌、普通变形杆菌、金黄色葡萄球菌、球孢链霉菌、华美链霉菌、紫色直丝链霉菌、酿酒酵母、黑曲霉、黑根霉。

2. 试剂　草酸铵结晶紫染色液、石炭酸复红染色液、吕氏碱性美蓝染色液、革兰氏染色用碘液、乳酸石炭酸棉蓝染色液、卢戈氏碘液、沙黄（番红花红）乙醇溶液、95%乙醇、50%乙醇、20%甘油、生理盐水。

3. 仪器及用具　酒精灯、显微镜、双层瓶、接种环、接种针、接种铲、镊子、解剖针、解剖刀、载玻片、盖玻片、玻璃纸、滴管。

【实验内容】

（一）细菌制片及简单染色

制备细菌涂片及简单染色的基本步骤为（图 2-1）：

涂片→干燥→固定→染色→水洗→干燥→镜检

1. 涂片　取 1 块载玻片，在其中央部位滴加 1 小滴蒸馏水，用接种环以无菌操作方式从试管斜面菌种中挑取少量的细菌（注意不要挑破培养基）放在载玻片的水滴中，涂成直径约 $1cm^2$ 的均匀薄层，菌量宜少，菌液应呈淡淡的浑浊状，涂层过厚、菌体聚集成堆不宜观察。接种环经灭菌后放回原处。

2. 干燥　将涂片与空气中自然干燥或将涂片置于酒精灯的火焰高处微热烘干，但不能直接在火焰上烘烤，以免菌体变形。

3. 固定

火焰固定：将载玻片涂有菌体的一面向上，手持载玻片的一端，迅速在酒精灯火焰的上方通过 2~3 次（以不烫手为宜），使菌体固定在载玻片上，其目的是在染色时菌体不易脱落，而且同时改变菌体对染色液的通透性，以增强染色效果。

化学固定：血液、组织脏器等抹片浸入甲醇中 2～3 min，取出晾干；或者在抹片上（涂有材料的区域）滴加数滴甲醇使涂抹部位覆盖，使其反应 2～3 min，自然挥发干燥。

4. 染色 在涂布有菌体的范围内滴加染色液 1～2 滴，染色时间长短因染色液不同而有差异，吕氏碱性美蓝染色液 2～3min，石炭酸复红染色液约 30s，草酸铵结晶紫约 1min。

5. 水洗 倾去染色液，斜置载玻片，从其上端用洗瓶冲洗至流下的水呈无色为止。注意冲洗水流不宜过急、过大，同时避免直接冲洗涂片处。

6. 干燥 用吸水纸吸去载玻片上多余的水分，注意不要将涂布的细菌擦去，自然晾干或用火焰微热烘干。

7. 镜检 将制备好的涂片置于高倍镜和油镜下进行观察。用吕氏碱性美蓝染色液染色后菌体呈蓝色，用石炭酸复红染色液染色后菌体呈红色，用草酸铵结晶紫染色液染色后菌体呈紫色。

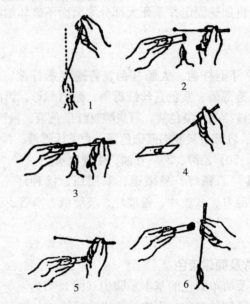

图 2-1 细菌制片及简单染色的过程示意

1. 接种环灭菌 2. 拔去棉塞 3. 取菌 4. 涂片 5. 塞棉塞 6. 灼烧接种环

（二）革兰氏染色法

1. 涂片固定 取 1 块载玻片，在距中央偏左和偏右的位置各加 1 滴蒸馏水，按照无菌操作方法分别挑取少量的枯草芽孢杆菌（或苏云金芽孢杆菌）和大肠杆菌并分别涂在水滴中，涂片、干燥、固定的方法同简单染色的步骤 1、2、3。

2. 染色

（1）初染：在 2 个菌体涂布区分别滴加草酸铵结晶紫染色液 1 滴，染色1min，水洗。

（2）媒染：用卢戈氏碘液冲去残水，并覆盖涂布区约 1min，水洗。

（3）脱色：将载玻片上的水甩净，在涂布区分别滴加 1 滴 95％乙醇进行脱色，作用时间为 30s，立即水洗。这一步是革兰氏染色法的关键步骤，必须严格掌握时间。

（4）复染：用番红染色液染色 1～2min 或石炭酸复红染色液染色 1min，水洗，干燥。

（5）镜检：在油镜下观察，革兰氏阳性菌（G^+）呈蓝紫色，革兰氏阴性菌（G^-）呈红色。

（三）细菌芽孢染色法

1. Schaeffer 与 Fulton 氏染色法

（1）制片：按简单染色法涂片、干燥、固定。

（2）染色：滴加孔雀绿染色液 3～5 滴于涂片处，用试管夹夹住载玻片在酒精灯火焰上加热，当染色液冒出蒸汽时开始计算时间，维持 5～8min，在加热过程中要不断添加染色液，不要让染色液沸腾和干涸（加热温度不能太高）。

（3）水洗：待载玻片冷却后，用水冲洗至流下的水变成无色为止。

（4）复染：用番红染色液染色 3～5min。

（5）水洗、干燥。

（6）镜检：在油镜下观察菌体和芽孢形态。菌体呈红色，芽孢呈绿色。

2. 改良的 Schaeffer 与 Fulton 氏染色法

（1）制备菌液：取小试管 1 支，加蒸馏水数滴。用接种环挑取芽孢杆菌 1～2 环，混于试管蒸馏水中，并充分混匀，制成浓稠菌液。

（2）加染色液：加孔雀绿染色液 2～3 滴于小试管中，用接种环搅拌使菌体充分染色。

（3）加热：将试管置于水浴锅内加热 15～20min，或用试管夹夹住试管，在酒精灯上加热 3～5min，注意试管口不要对着人，若菌液接近沸腾时要离开火焰。

（4）涂片：用接种环取加热后的染色菌液制成涂片，干燥并固定。

（5）脱色：用水冲洗至流下的水变成无色为止，或用 95％乙醇脱色 30～60s，水洗。

（6）复染：滴加番红染色液复染 5min，倾去染液，不用水洗，直接用吸水纸吸干。

（7）镜检：在油镜下观察菌体和芽孢形态。菌体呈红色，芽孢呈绿色。

（四）细菌的荚膜染色法（负染色法）

（1）制片：取干净的载玻片 1 块，滴加蒸馏水 1 滴，按无菌操作用接种环挑取胶质芽孢杆菌菌体少许，放入水滴中均匀涂开。

（2）干燥：将涂片自然晾干或用电吹风冷风吹干。

（3）染色：在涂面上滴加复红染色液 1 滴，染色 2～3min。

（4）水洗：用洗瓶洗去染液，注意水流不宜过大。

（5）干燥：自然晾干。

（6）涂黑素：在载玻片的一端滴加墨汁 1 滴，另取 1 块边缘光滑的载玻片轻轻接触墨水（两个载玻片的夹角约为 30°），使墨水沿着载玻片边缘散开，然后推动载玻片向另一端移动，使墨水在染色涂面上成为一均匀薄层，并自然风干。

（7）镜检：用高倍镜或油镜进行观察，菌体红色，荚膜无色，背景灰黑色。

（五）细菌的鞭毛染色法（硝酸银鞭毛染色法）

（1）载玻片准备：选择光滑无痕的载玻片，将载玻片置于含洗衣粉或洗涤剂的水中煮沸 20min，然后用清水冲洗干净，再置于 95％乙醇中浸泡，使用时取出在火焰上烧去乙醇和残留的油迹。

（2）菌液制备：菌种要求是新鲜的幼龄菌种。用于接种的培养基应是新配制的，表面湿润，在斜面底部应有少许冷凝水。将普通变形杆菌接种于牛肉膏蛋白胨斜面培养基上，在 32℃下培养 8～12h，连续转接 5 代，最后一代培养 6～8h。然后用接种环挑取斜面与冷凝水交汇处的菌液数环，转移至盛有 2～3mL 无菌水的小试管中（不可搅动，防止鞭毛脱落），制成菌悬液，置于 32℃恒温箱中保温 10min，使老菌体下沉，幼龄菌体的鞭毛逐渐舒展。

（3）涂片：从菌悬液中吸取 1 滴菌液，滴于载玻片的一端，稍稍倾斜载玻片，使菌液缓慢地流向另一端，形成水膜。制片时严禁涂抹。将载玻片斜放，自然干燥，不可用火焰固定。

（4）染色：

①滴加 A 液，染色 4～6min。

②用蒸馏水轻轻地充分洗净 A 液。

③用 B 液冲洗去残水，再加 B 液于载玻片上，在酒精灯火焰上缓缓加热至冒出蒸汽，维持 0.5～1min（加热时应随时补充蒸发掉的 B 染液，不能出现干涸）。

④用蒸馏水冲洗，自然干燥。

⑤镜检：用油镜检查，菌体为深褐色，鞭毛为浅褐色。

附：鞭毛染色液（A 液、B 液）的配制

A 液：单宁酸 5.0g，FeCl$_3$ 1.5g，重蒸馏水 100mL。

待溶解后，加入 1％NaOH 溶液 1 mL 和 15％甲醛溶液 2 mL。

B 液：AgNO$_3$ 2.0g，重蒸馏水 100 mL。

待 AgNO$_3$ 溶解后，取出 10 mL 做回滴用。往 90 mL B 液中滴加浓氨水，当出现大量沉淀时再继续加氨水，直到溶液中沉淀刚刚消失变澄清为止。然后用保留的 10 mL B 液小心地逐滴加入。至出现轻微和稳定的薄雾为止（此步操作非常关键，应格外小心）。在整个滴加过程中要边滴边充分摇荡。

注意：配好的染色液当日有效，4h 内效果最好，次日使用效果变差。

【思考题】

1. 根据实验体会，在制备染色标本时应注意哪些事项？

2. 制片为什么要完全干燥后才能用油镜观察？

3. 革兰氏染色在细菌分类鉴定中有什么意义？

4. 哪些环节会影响革兰氏染色结果的正确性？其中关键的环节是什么？

5. 为什么芽孢染色要加热？

6. 能观察到芽孢的影响因素有哪些？

7. 荚膜染色时为什么不能加热固定？

8. 为什么荚膜不易着色？

9. 为什么要选用活跃生长期的菌种进行鞭毛染色？

10. 制片过程中为什么不能剧烈振荡菌悬液，也不能涂抹菌液？

实验3

培养基的制备及灭菌方法

【目的和要求】

1. 掌握配制培养基的基本原则。
2. 学会几种常用培养基的配制方法和步骤。
3. 掌握高压蒸汽灭菌的基本步骤。

【概述】

培养基是用人工的方法将多种营养物质按照微生物生长代谢的需要配制成的一种营养基质。培养基的种类很多，按物质组成可分为：天然培养基、半合成培养基、合成培养基。按物理性状可分为：液体培养基、半固体培养基、固体培养基和脱水培养基。按性质和用途可分为：基础培养基、营养培养基、鉴别培养基、选择培养基、特殊培养基。

培养基主要用于微生物的分离培养、鉴定与研究，生物制品的制备等方面。配制培养基时不仅需要考虑微生物对营养成分的需求，还应考虑培养基的酸碱度（pH）、缓冲能力、氧化还原电位和渗透压。

人工制备培养基的目的，就是给微生物创造一个良好的营养条件。配制好的培养基必须经过灭菌后才能使用。

【实验材料】

1. 试剂 牛肉膏、蛋白胨、氯化钠、血液、琼脂、可溶性淀粉、蔗糖、葡萄糖、1mol/L NaOH、1mol/L HCl、KNO_3、NaCl、$K_2HPO_4 \cdot 7H_2O$、$MgSO_4 \cdot 7H_2O$、$FeSO_4 \cdot 7H_2O$、KH_2PO_4。

2. 仪器及用具 试管、三角烧瓶、漏斗、大烧杯（或铝锅）、量筒、玻璃棒、无菌平皿、药匙、pH 试纸、称量瓶（称量纸）、棉花、纱布、线绳、塑料试管盖、滤纸、牛皮纸（或报纸）、天平等。

【实验内容】

一、培养基制备的基本过程

1. 试剂称量　按照培养基配方准确称取各种试剂或原料的用量，有些试剂（微量元素）用量很小，不易称量，可事先配成高浓度溶液，按比例换算后取一定体积的溶液加入培养基中。牛肉膏常用玻棒挑取，放在小烧杯或表面皿中称量，用热水溶化后倒入烧杯，蛋白胨易吸湿，称量时要迅速。

2. 溶解　先在大烧杯（铝锅）中加入少量的水，将称取的试剂依次加入后用玻璃棒搅拌，如有琼脂应更加注意防止外溢。某些不易溶解的试剂如蛋白胨、牛肉膏等可事先在小烧杯中加少量水并加热使之溶解，然后再转入大烧杯中。待所有试剂全部放入烧杯中后，加足所需水量，加热使其充分溶解，溶解完毕，补足失去的水分。

3. 调节 pH　培养基 pH 即酸碱度，是细菌生长繁殖的重要条件。由于不同细菌对 pH 的要求不同，所以不同培养基所需 pH 不同，一般培养基 pH 为 7.2～7.6，也有酸性或碱性培养基。培养基经高压灭菌后，pH 降低 0.1～0.2，调 pH 时应高出所需 pH0.1～0.2。具体操作如下：待液体培养基配好后，冷却至室温，用 pH 试纸或酸度计测试溶液的 pH，根据配方要求加酸或加碱调节至所需 pH，常用 1mol/L NaOH 或 1mol/L HCl 调整。粗略调整 pH 可用 pH 试纸进行调节，即用玻璃棒蘸取少量培养基滴在试纸上，如偏酸则滴加 1mol/L NaOH 溶液调节，如偏碱则滴加 1mol/L HCl 调节。调节过程需反复几次，直至达到所需要的 pH。如果要精确调节 pH，则需要用 pH 酸度计来进行测定。

4. 过滤　培养基各成分溶解后，经调整 pH 后，尤其在呈碱性时，加热煮沸可形成不同程度的沉淀物，或配制培养基的原料有的不一定能够全部溶解，配制后往往使培养基混浊或不透明。如果需要配制澄清或透明的培养基，就需要过滤。常用的方法有：滤纸过滤法、多层纱布过滤法、棉花过滤法、鸡蛋白澄清法、灭菌锅高温澄清法等。因液体培养基必须澄清，此时用滤纸趁热过滤，否则会影响培养基的澄明度。固体培养基趁热以纱布中夹脱脂棉或 4 层医用纱布铺在漏斗上进行过滤，以使培养基完全透明而无沉淀。

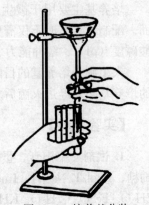

5. 分装　根据使用目的将配制好的培养基分装到所需容器中，分装量因不同容器而异，需视具体要求而定。分装时应注意不要使培养基沾污试管口或瓶口，否则易造成棉塞污染，滋生杂菌，进而污染到试管内或瓶内的培养基。一般用漏斗进行分装（图 3-1），分装时动作应迅速，特别是加入琼脂等

图 3-1　培养基分装

凝固剂后要注意保温，防止因室温过低造成培养基在漏斗中凝住。有些培养基需高压灭菌后再进行分装，此时必须采用无菌操作方法，用前应作无菌检查。

液体分装：分装高度以试管高度的1/4左右为宜，分装三角瓶的量则根据需要而定，一般以不超过三角瓶容积的1/2为宜。

固体分装：分装试管，其装量不超过管高的1/5，灭菌后制成斜面，斜面长度不超过管长的1/2。分装三角瓶，以不超过容积的1/2为宜。

半固体分装：装置以试管高度的1/3为宜，灭菌后垂直待凝。

6. 加塞 按照试管口或瓶口的大小预先制作好棉塞，也可以用硅胶塞塞住管口。制作的棉塞要求大小适度、松紧合适。合格的棉塞能够阻止外界微生物进入培养容器内引起杂菌污染，而且棉塞的良好通气性能也能保证容器内的微生物获得无菌空气（图3-2）。

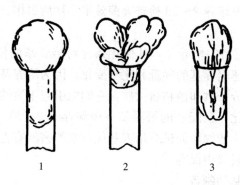

图3-2 棉塞的塞法
1. 正确的塞法 2、3. 错误的塞法

7. 包扎 塞好棉塞后，试管可每7只捆成一捆，在棉塞的外面包上一层牛皮纸，以防止在灭菌过程中冷凝水打湿棉塞。用三角瓶等其他容器盛装的培养基，其瓶口也应用牛皮纸包扎。

8. 灭菌 配制好的培养基应立即灭菌。一般培养基经高压蒸汽法灭菌，这是目前最可靠的方法。将包扎好的试管或三角瓶放入灭菌锅中，注意容器间应留有间隙，以防止灭菌不彻底。如不能及时灭菌，则应将培养基放入4℃冰箱中暂时存放。培养基的灭菌温度和时间，随培养基的品种、装量和容器的大小而定，如培养基中含不耐热的成分，灭菌时的压力不可过高。通常培养基经 103.43kPa 相当于 121.3℃，灭菌 15~20min，含糖培养基经 55.95kPa 相当于 112℃，灭菌 30min，或 68.16kPa 相当于 115℃，灭菌 20~30min。

9. 摆斜面或倒平板 灭菌结束后，对需要做成斜面的试管应该趁热摆成斜面，做法是，将试管管口放在有一定厚度的木条上，使培养基在试管中呈斜面状态，培养基斜面的长度为试管总长的1/2~2/3。摆放时注意不要让培养基沾污棉塞，在培养基冷凝过程中不要移动试管。待培养基完全凝固后再将试管收起存放。倒平板，做法是将溶化并冷至50℃左右的培养基倒入无菌培养皿中，冷凝后即成平板（图3-3）。

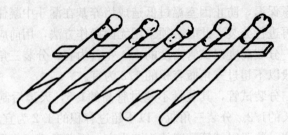

图 3-3 试管斜面的摆放方法

10. 无菌检查 无论是经高压蒸汽灭菌，或是无菌分装的培养基，均应作无菌实验，合格的方可使用。通常将配制好的培养基放在 35～37℃的培养箱中培养，过夜后，观察是否有细菌生长。如果没有细菌生长，视为合格。如是真菌需在 25～28℃下培养 2～3d 检查灭菌效果，然后再用。培养基数量较多时可以进行抽样检查。

11. 保存 新配制的培养基，其保存条件对培养基的使用寿命关系很大，如保存不当，可加速培养基的物理和化学变化，因为培养基的成分大多是从动物组织中提取的大分子肽和植物蛋白质，它们能引起不溶性的沉淀和雾浊。为避免和减慢这些变化，新配制的培养基一般保存于 2～8℃冰箱中备用；为防止培养基失水，液体或固体的试管培养基应放在严密的有盖容器中保存；平板培养基应密封于塑料袋中保存。

二、常用培养基的制备

1. 肉膏汤培养基的制备 称取牛肉膏 3g，氯化钠 5g，蛋白胨 10g，置于盛有 1 000mL 蒸馏水的烧杯中加热溶解后校正 pH 至 7.2～7.6，过滤后分装试管或小的烧瓶中后进行包装，103.43kPa 20min 高压蒸汽灭菌，检定合格后保存于 4℃冰箱中。

2. 普通琼脂培养基的制备 在肉膏汤培养基中加 2% 琼脂，加热溶解后分装试管（制备斜面培养基用）或烧瓶（制备平皿培养基用），包装之后，103.43kPa 20min 高压蒸汽灭菌，取出试管摆成斜面，烧瓶中的琼脂培养基待冷却至 50℃左右后分装于无菌平皿中，凝固后即为琼脂平皿培养基，检定合格后保存于 4℃冰箱中备用。

3. 血琼脂培养基的制备 在冷至 50℃左右的普通琼脂培养基中，以无菌操作加入经 37℃预温的 10% 无菌脱纤维羊血，轻轻摇匀，分装于无菌试管或平皿中，凝固后，经检定合格即可保存于 4℃冰箱中备用。

4. 高氏 1 号合成培养基的制备

（1）培养基配方：可溶性淀粉 20g、KNO_3 1.0g、$K_2HPO_4 \cdot 7H_2O$ 0.5g、$MgSO_4 \cdot 7H_2O$ 0.5g、NaCl 0.5g、$FeSO_4 \cdot 7H_2O$ 0.01g、琼脂 20g、蒸馏水 1 000mL、pH7.2～7.4。

（2）具体步骤：在铝锅中加入 500 mL 蒸馏水，置于电炉上加热至沸。按配方称取可溶性淀粉放入 100mL 烧杯中，加入 50mL 蒸馏水调成糊状后再倒入铝锅中，边加入边搅拌，以防煳底。将称好的 KNO_3、$K_2HPO_4 \cdot 7H_2O$、

$MgSO_4 \cdot 7H_2O$、NaCl 加入铝锅中溶化。对微量成分 $FeSO_4 \cdot 7H_2O$ 可先配成高浓度的贮备液（其方法是：先称取 1g $FeSO_4 \cdot 7H_2O$，用 100mL 水溶解，配成浓度为 0.01g/mL 的贮备液），然后取 1mL $FeSO_4 \cdot 7H_2O$ 贮备液加入铝锅中，再加入切碎的琼脂条，继续加热搅拌至琼脂完全溶化，补足水量到 1 000mL。调 pH 为 7.2～7.4，分装试管包装之后，103.43kPa 20min 高压蒸汽灭菌，取出试管摆成斜面，检定合格后保存于 4℃ 环境中备用。

5. 马铃薯葡萄糖（PDA）培养基的配制

（1）培养基配方：马铃薯（去皮）200g、葡萄糖 20g、琼脂 20g、蒸馏水 1 000mL、pH 自然。

（2）具体步骤：称取去皮新鲜马铃薯 200g，切成 $1cm^2$ 小块放于铝锅中，加水 1 000mL 左右，在电炉上煮沸 30min，然后用四层纱布过滤，滤液用量筒计量体积，再重新倒入铝锅中煮沸。加入称好的葡萄糖和琼脂条，继续加热搅拌，至琼脂完全溶化，并补足水量至 1 000mL，无需调节 pH。分装试管包装之后，103.43kPa 20min 高压蒸汽灭菌，取出试管摆成斜面，检定合格后保存于 4℃ 冰箱中备用。

三、灭菌方法

（一）高压蒸汽灭菌法

实验室内配制好的培养基常常采用高压蒸汽法灭菌，高压蒸汽灭菌法是利用高温高压蒸汽使微生物细胞体内的酶、蛋白质等凝固变性，从而达到灭菌的目的。高压蒸汽灭菌是在密闭的高压蒸汽锅中进行的，其原理是：将灭菌的物体放置在高压蒸汽锅内，把锅内的水加热煮沸，并把锅内的冷空气彻底排尽后将锅密封，继续加热使锅内的蒸汽压逐渐达到 0.1Pa，锅内的温度则达到 121℃，灭菌时间维持在 15～30min（或蒸汽压力达到 0.075Pa，锅内温度为 115℃，灭菌时间维持 35min）。

实验室常用的高压灭菌锅有立式、卧式和手提式等不同类型，操作过程大致相同。

1. 高压灭菌锅的基本构造

（1）外锅：也称"夹层"，供装水产生蒸汽之用。

（2）内锅：内锅是放置灭菌物品的空间。

（3）热源：立式和卧式灭菌锅的电热丝安装在外锅的底部，手提式灭菌锅电热丝安装在内锅的底部。

（4）压力表：外锅和内锅各装有 1 只压力表，表上一般有 3 种单位，公制压力单位（kg/cm^3）、英制压力单位（lbf/in^2）和温度单位（℃），便于参照查对。

（5）排气阀：内锅和外锅各安装 1 个，用于排除冷空气。

（6）安全阀：安全阀是一种利用弹簧控制活塞的特制阀门，超过额定压力时会自动放气减压。

2. 高压灭菌锅的基本操作过程

（1）加水：由专设的加水漏斗处加水，加水量应在标定水位线以上。

（2）装锅：将待灭菌物品装入锅内，注意物品不能装得太满，应留有间隙，以利于蒸汽流通。

（3）盖上锅盖：按对称位置拧紧螺栓。

（4）加热和排尽冷空气：接通电源开始加热，同时打开排气阀及锅底部的排冷气余水阀。加热到锅内水沸腾，待排气阀有大量蒸汽冒出后，关闭排气阀，使冷空气从锅底部的排冷气余水阀中继续排除，直至该阀冒出大量蒸汽，表明锅内已充满蒸汽，此时应继续排气 5min，直至锅内冷空气全部排尽，然后关闭排气阀。

（5）升压和保压：继续加热使锅内压力逐渐升高，当压力表指针达到所要求的压力（0.1Pa 或 0.075Pa）时，维持该压力 15～30min。

（6）降压和排气：保压时间结束后，停止加热，使其自然冷却。待压力表指针回到"0"位时，先打开排气阀，然后再打开锅盖。

注意：千万不能在锅内还有压力时就急于打开放气阀和锅盖，此时极易发生因压力骤然降低而出现培养基剧烈沸腾或发生危险。

（7）出锅：取出锅内物品，若需要摆放斜面，则应趁热摆好。

（8）保养：灭菌完毕后，将锅内余水排尽，保持内壁及内胆干燥，盖好锅盖。

（二）干热灭菌法

干热灭菌法适用于玻璃器皿、金属工具等不含水分物品的灭菌，如试管、培养皿、三角瓶、移液管、接种工具等。电热干燥箱是实验室内常用的灭菌设备。

1. 装入待灭菌物品　预先将各种器皿用纸包好或装入金属制的培养皿筒、移液管筒内，然后放入电热干燥箱中。物品摆放不要太挤，以免妨碍热空气流通。灭菌物品应与电热干燥箱的内壁留有空隙，以防包装纸被烤焦起火。

2. 升温　关好电热干燥箱门，打开电源开关，旋动恒温调节器至所需温度刻度（一般为 160～170℃）。

3. 恒温　当温度升到所需温度后，维持此温度 1～2h。干热灭菌过程应时刻注意温度的变化，防止因恒温调节装置失灵而造成安全事故。

4. 降温　切断电源，自然降温。

5. 取出灭菌物品　待电热干燥箱内温度降到 70℃ 以下后，才能打开箱门，取出灭菌物品。在电热干燥箱内温度未降到 70℃ 以下时，切勿打开箱门，以免因温度骤降导致玻璃器皿炸裂。

（三）过滤除菌法

有些物质，如抗生素、血清、维生素等易受热分解，需要采用过滤除菌法。

1. 过滤器种类

（1）滤膜过滤器：由醋酸纤维素、硝酸纤维素等制成，有孔径大小不同的多种规格（如 0.1、0.22、0.3、0.45μm 等），过滤细菌常用 0.45μm 孔径。其优点是吸附性小，即溶液中的物质损耗少，滤速快，每张滤膜只使用 1 次，不用清洗。

（2）蔡氏过滤器：一种金属制成的过滤漏斗，其过滤部分是一种用石棉纤维和其他填充物压制成的片状结构。溶液中的细菌通过石棉纤维的吸附和过滤而被去除，但对溶液中其他物质的吸附性也大。每张纤维板只能使用1次。

（3）玻璃滤器：一种由玻璃制成的过滤漏斗，其过滤部分是由细玻璃粉烧结成的板状构造。玻璃滤器规格很多，5号（孔径 $2\sim5\ \mu m$）和6号（孔径小于 $2\ \mu m$）适用于过滤细菌。其优点是吸附量少，但每次使用后需要洗净再用。清洗方法是：用水充分冲洗，然后浸泡在含 $1\%\ KNO_3$ 的浓硫酸中 24h，再用蒸馏水抽洗数次。在抽洗液中加入数滴 $BaCl_2$，直至不出现 $BaSO_4$ 沉淀时，即表示已洗净。

2. 过滤装置

（1）将过滤器和收集滤液的试管按图 3-4 进行安装，为阻止空气中细菌进入滤瓶，需要在接管处塞入棉花，然后在外面用纸包好，121℃下进行湿热灭菌 20min。

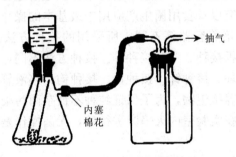

图 3-4　过滤收集装置

（2）为加快过滤速度，一般用负压抽气过滤。即在自来水龙头上装一抽气装置，利用自来水流造成负压。也可以用真空泵进行抽滤，速度更快。

（3）过滤时应注意设备连接处是否漏气，以防杂菌进入。

【思考题】

1. 配制培养基过程中应注意什么问题？
2. 培养基配制完成后为什么要立即灭菌？
3. 已灭菌的培养基应如何进行无菌检查？
4. 配制培养基时为什么要调节 pH？
5. 为什么在马丁氏培养基中加入链霉素而不是青霉素？
6. 为什么加压的蒸汽能提高灭菌效果？
7. 使用高压蒸汽灭菌锅时应注意哪些事项？
8. 干热灭菌过程中应注意哪些问题？

实验4

微生物接种技术

【目的和要求】

1. 了解无菌操作和微生物接种的基本概念。
2. 掌握几种常用的微生物接种方法。

【概述】

微生物接种就是将一定量的纯种微生物在无菌操作条件下转移到另一经过灭菌并适合于该微生物生长繁殖所需的培养基上的过程。微生物接种技术是微生物学科学研究以及食用菌生产应用中最基本的操作技术。根据实验方法、培养基种类及培养容器等不同，所采用的接种方法也不同，如斜面接种、液体接种、平板接种、穿刺接种等。接种方法不同，所采用的接种工具也不相同，如接种环、接种针、接种铲、接种钩、移液管和玻璃刮铲等。转接的菌种都是纯培养微生物，为了保证纯种不被杂菌污染，接种过程一般都是在无菌操作台或在实验室内火焰旁进行的，无菌操作是微生物接种技术的关键。

无菌操作是指在无菌条件下将含菌材料接种于培养基上的操作过程。无菌条件包括无菌的环境条件、经过灭菌的接种工具以及灭过菌的培养基。

（1）无菌检查：无菌环境是指在无菌室、无菌箱、超净工作台等无菌或相对无菌的环境。培养基要经过灭菌和无菌检查才能使用，同时，还要对无菌室、无菌箱、实验室等处的空气进行无菌（含杂菌量）检查，并定期对环境进行消毒灭菌。

（2）无菌操作的基本方法：在接种时打开培养皿的时间尽量短，试管应倾斜，并且放在酒精灯火焰区的无菌范围内（以火焰中心为半径5cm内）操作，以防空气中的杂菌随灰尘落入其中而造成污染。用于接种的工具必须经过干热、湿热或火焰灭菌。通常在接种时将金属接种工具在火焰上充分灼烧灭菌。接种动作要熟练而迅速。

（3）无菌室中实验台的要求：应保持台面干净，经常用消毒剂擦拭。

【实验材料】

斜面培养基、液体培养基、平板培养基、记号笔、酒精灯、接种针、酒精、涂布棒等。

【实验内容】

一、接种前的准备工作

1. 无菌室的准备 无菌室是在微生物实验室内专辟一个小房间。面积一般不大，$4\sim5m^2$。内设超净工作台或接种箱，安装紫外灯等消杀设备。无菌室外设置一个缓冲间，无菌室和缓冲间都必须密闭，室内的换气设备必须有空气过滤装置。

在微生物实验中，菌种的接种或分离、转接扩繁等工作都应按照无菌操作进行，工作环境要求尽可能地避免或减少杂菌的污染。小规模的操作可以使用接种箱或超净工作台，工作量大的接种则需要使用无菌室，要求严格的还应在无菌室内结合使用超净工作台。

2. 无菌室的灭菌

（1）熏蒸：按 $6\sim10mL/m^2$ 的用量取一定量的福尔马林（37％～40％的甲醛水溶液），盛装于搪瓷盘中，用电炉或酒精灯直接加热或者加半量的高锰酸钾使福尔马林蒸发。熏蒸后应保持密闭12h以上。在使用无菌室前 $1\sim2h$，按所用福尔马林的用量量取氨水，倒入另一搪瓷盘中，使其挥发中和福尔马林，以减轻对人的刺激。

（2）紫外线灯照射：在每次工作前后，均应打开紫外线灯照射进行灭菌。当在无菌室内进行接种工作时，切记要关闭紫外线灯。

（3）石炭酸喷雾：每次临操作前，用手持喷雾器喷洒5％石炭酸溶液，对操作台面和地面进行消毒。

3. 无菌室操作规程

（1）将所用的材料用品全部放入无菌室内，如果放入培养基则需要用牛皮纸进行遮盖，以防止因紫外线的照射而产生抑制作用。应尽量避免在操作过程中进出无菌室或传递物品，使用前打开紫外线灯照射30min。

（2）进入缓冲间，换好无菌室专用工作服和鞋帽，戴上口罩，用2％煤酚皂液将手浸洗 $1\sim2min$，再进入工作间。

（3）操作前再用70％的酒精棉球擦手，然后按照无菌操作要求开始工作。操作过程中的废弃物应放入废物桶内。

（4）工作后应将操作台面收拾干净，取出培养物品以及废物桶，用5％石炭酸喷雾，再打开紫外线灯照射30min。

4. 接种工具的准备 实验室内用得最多的接种工具是接种环、接种针和接种铲，有时滴管、吸管也可作为接种工具进行液体接种。在固体培养基表面要将菌液均匀涂布时，需要用到涂布棒（图4-1）。

（1）接种针：用于蘸取菌种作深层固体培养基的穿刺接种。

（2）接种环：用于挑取菌苔或液体培养物进行接种。

（3）接种钩：用于挑取菌丝进行接种。

（4）玻璃刮铲和玻璃涂菌棒：用于在琼脂平板上进行菌种涂抹。

（5）接种圈：用于从沙土管中移取菌种并进行转接。

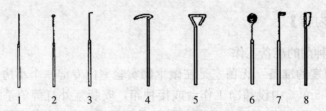

图 4-1 常用的接种工具

1. 接种针 2. 接种环 3. 接种钩 4. 玻璃刮铲
5. 玻璃涂菌棒 6. 接种圈 7. 接种锄 8. 小解剖刀

（6）接种锄：用于刮取斜面培养基上的放线菌和真菌孢子进行接种。

（7）小解剖刀：用于割取较为坚韧的培养物（如子实体等）进行分离。

二、接种方法

1. 斜面接种法　斜面接种是从已保存菌种的斜面上挑取少量菌种转接到另一只新鲜斜面培养基上的接种方法，接种步骤如下：

（1）左手拿两支试管，一支为经灭菌的斜面，另一支为已长好的菌种。右手持接种环或接种针通过火焰灭菌后冷却，同时以右手小指和无名指轻轻拔取两支试管的棉塞（先转动棉塞后再拔去棉塞），拔下的棉塞应夹持于手指间。

（2）将试管口通过火焰数次，并稍转动，以防止外界的污染。

（3）首先将接种环伸入有菌试管，使接种环接触菌苔取少量菌，取出接种环，立即将管口通过火焰灭菌后将接种环伸入斜面管内，其次从斜面底部到顶端拖一条接种线，再自下而上蜿蜒涂布，或直接自斜面底部向上蜿蜒涂布。此步注意接种环不可碰试管壁和接种时不要划破培养基。

（4）用酒精灯灼烧试管口，塞好棉塞，并将接种环灼烧灭菌。

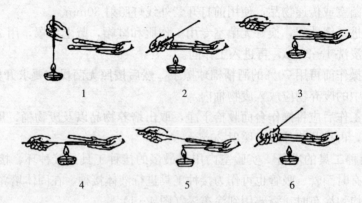

图 4-2 斜面接种时的无菌操作

1. 接种灭菌 2. 开启棉塞 3. 管口灭菌 4. 挑取菌苔 5. 接种 6. 塞好棉塞

2. 液体接种法　液体接种是用接种环、移液管或滴管将菌种转接到液体培养基中的接种方法。此法用于观察细菌、酵母菌的生长特性、生化反应特性以及发酵生产中菌种的扩大培养。由斜面菌种接种到液体培养基中（如试管或三角瓶等），操作方法基本与斜面接种法一致，但要注意略使试管口（瓶口）向上，以免液体培养基流出。接入菌体后，将接种环在液体与管壁接触的地方轻轻摩擦，使菌体分散，然后塞上棉塞，再轻轻摇动均匀，即可培养。如果是液体菌种，一般用移液管或滴管进行转接。

3. 穿刺接种法　穿刺接种用于厌气性细菌接种和检查细菌的运动能力，也可作为菌种保藏的一种方式。穿刺接种只适用于细菌和酵母菌的接种培养，其方法是用接种针从斜面菌种上挑取少量菌苔后，再从培养基中心自下而上（试管口朝下）插入柱状固体培养基中心，注意不要刺到底部，再沿原路缓慢拔出接种针。

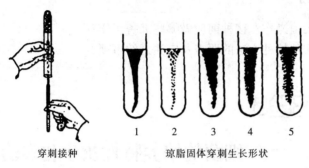

穿刺接种　　　　　琼脂固体穿刺生长形状

图4-3　琼脂固体穿刺接种和细菌生长形状

4. 平板接种法　平板接种是指在平板培养基上划线、点接或涂布接种。平板接种是观察菌落形态、分离纯化菌种，活菌计数以及在平板上进行各种试验时常采用的一种方法。

（1）划线接种：是使被接菌种达到纯化的一种方法，其原理是在固体培养基表面将含菌培养物做规则划线，含菌培养物经多次划线逐渐被稀释，最后在接种针划过的线上得到一个个被分离的单独存在的细胞，经过培养后成为单个细胞发育的菌落。划线方法有斜线法、曲线法、方格法、放射法、四格法等几种，可根据具体情况灵活采用（图4-4）。

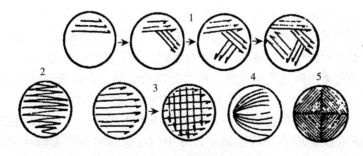

图4-4　平板划线分离法

1. 斜线法　2. 曲线法　3. 方格法　4. 放射法　5. 四格法

（2）点接法：用接种针从斜面菌种上挑取少量菌苔，点接到平板的不同位置上，培养后观察菌落形态。根霉点接1点，曲霉、酵母可点接3～4点。

（3）涂布接种：首先将含菌培养物制成稀释菌悬液，用无菌移液管吸取0.1mL于固体培养基平板中，然后用玻璃刮铲或玻璃涂菌棒将菌液在培养基表面均匀涂布，使菌体能在培养后形成单个菌落。

三、培养

（1）将接种的细菌培养基放在32～37℃恒温箱内培养24h后观察。

（2）将接种分离后的酵母菌和霉菌放在25～28℃的恒温箱内，酵母菌培养48h，霉菌培养72h后观察。

（3）平板培养基置于恒温箱内倒置培养。

【思考题】

1. 何谓无菌操作？接种前应做哪些准备工作？
2. 总结几种接种方法的要点及应注意的事项。

实验5

细菌的培养特性及生化实验

【目的和要求】

1. 熟悉细菌在各种培养基上的生长特性描述方法。
2. 掌握常用细菌生化实验的原理、方法及判定结果。
3. 了解细菌的培养特性和生化实验与细菌鉴定及诊断中的实际意义。

【概述】

自然界中存在的细菌种类繁多，不同种类的细菌在一定条件培养基中生长繁殖之后，表现出各自不同的生长特性。如形成的菌落特征（形状、大小、隆起度、表面形状及颜色等）；液体培养基中生长表现（混浊度、菌膜、沉淀物等）等，对细菌的分离、培养、纯化及鉴定，具有重要的意义。

细菌的种类不同其代谢系统、产生分泌的酶类、合成或分解的代谢产物、碳源与氮源的利用能力、理化因素的敏感性和耐受性等方面有差异，故利用生物化学方法测定相应的物质，并检测细菌的生化特性，用于细菌的区别和鉴定。细菌生化试验内容和项目繁多，常用的生化试验有糖发酵实验、MR实验、靛基质实验、V－P实验、接触酶实验、H_2S实验、淀粉水解实验、尿素酶实验、枸橼酸盐利用实验、凝固酶实验等。

【实验材料】

1. 菌种 葡萄球菌、大肠杆菌、链球菌、沙门氏菌等。

2. 培养基　普通琼脂平板、普通肉汤、血液琼脂平板、血清肉汤培养基、麦康凯琼脂平板、半固体培养基、糖发酵管、葡萄糖蛋白胨水、蛋白胨水、三糖铁培养基、尿素培养基及枸橼酸培养基等。

3. 试剂　甲基红试剂、靛基质试剂、V-P试剂、3% H_2O_2 等细菌生化实验试剂。

4. 仪器　恒温培养、细菌接种器材、放大镜、超净工作台等。

【实验内容】

（一）细菌生长特性观察

1. 细菌在固体培养基中生长特性的观察　将细菌接种于固体培养基上，置恒温培养箱中在一定生长条件下（有氧或厌氧、一般37℃，18～24 h或更长）培养后观察，其观察内容如下：

（1）菌落：菌落是由单个细菌在固体培养基表面生长繁殖，所形成的肉眼可见、具有一定形态的细菌集团。不同细菌形成的菌落形态特征也不同，有助于鉴别细菌。菌落特征的描述内容包括菌落形状（圆形、不规则形、露滴状、菜花样等），边缘（整齐或不整齐、波形、锯齿状、卷发状等），表面（光滑、粗糙、湿润、干燥等），隆起度（突起、扁平等），透明度（透明、半透明、不透明等），颜色（无色、灰白色、金黄色等与产生色素有关），黏度及气味；根据菌落大小可分为大菌落（直径＞2mm）、中等菌落（直径1～2mm）、小菌落（直径0.5～1mm）或针尖样菌落（直径＜0.5mm）等。此外，根据菌落表面特征又分为光滑型菌落（S型菌落）和粗糙型菌落（R型菌落）。S型菌落：菌落表面光滑、湿润、边缘整齐；R型菌落：菌落表面粗糙、干燥、呈皱纹或颗粒状、多数边缘不整齐等。两种菌落在一定条件下可发生相互变换，并伴有一些生物学特性发生变化（如毒力、抗原性等）。

（2）菌苔：菌苔是多个菌落相互融合而成的，一般没有特征性，形成原因是由于细菌接种量多、细菌密集，也可能杂菌污染等所致。

（3）菌落溶血特性：有些细菌菌落在血液琼脂平板（绵羊血或兔血）上可产生溶血反应。菌落溶血特性可分为α溶血（不完全溶血）：菌落周围出现狭窄而呈草绿色溶血环（1～2mm），镜下可见残存的血细胞；β溶血（完全溶血）：菌落周围出现无色透明、界限明显而较宽（2～4mm）的溶血环；γ溶血：即不溶血，菌落周围用肉眼观察不到溶血现象。

2. 细菌在液体培养基中生长特性的观察　细菌在液体培养基中生长特性包括混浊度、形成沉淀物（颗粒状沉淀、黏稠沉淀、絮状沉淀、小块状沉淀等）、菌膜和菌环等。

3. 细菌在半固体培养基中生长特性的观察　半固体培养基一般用于细菌运动性检测，有鞭毛的细菌在半固体培养基中不仅沿穿刺线生长，还在沿穿刺线向四周扩散生长，呈羽毛状、云雾状混浊生长；无鞭毛细菌仅沿穿刺线生长，穿刺线周围培养基透明。

（二）细菌生化特性检查

细菌生化实验种类很多，根据检测内容大体分为如下类型：碳水化合物的代谢实验（如糖发酵实验、MR 实验、V-P 实验、淀粉水解实验等）；氨基酸和蛋白质的代谢实验（如靛基质实验、H₂S 实验、明胶液化实验、氨基酸脱氢酶实验、氨基酸脱羧酶实验、尿素酶实验等）；碳源和氮源利用实验（如枸橼酸盐利用实验、醋酸盐利用实验等）；酶类实验（如氧化酶实验、接触酶实验、凝固酶实验、CAMP 实验等）；其他实验（如抑菌实验、敏感实验等）。本实验重点介绍较常用的细菌生化实验。

1. 糖发酵实验

（1）原理：细菌在含糖类培养基中生长时，分解其中糖类产生酸和气体。产酸使培养基变为酸性（pH 下降），因而培养基中含有的指示剂（酚红、溴甲酚等）发生颜色变化（如紫色变为黄色、无色变为红色等）。产气时可形成气泡便于观察。实验通过观察颜色变化及气体的有无即可判定实验结果。不同细菌对某些糖的分解能力也不同。

（2）方法：取糖发酵培养基（或糖发酵管），用接种环（或接种针）挑取被检菌纯培养物，接种于培养基中，置恒温箱35℃，18～24 h 培养后观察结果。

（3）结果观察和判定：发生呈色反应（如变黄色或红色等）为细菌产酸、有气泡为产气，可判为阳性反应；否则为阴性反应。

2. 甲基红（MR）实验

（1）原理：某些细菌能分解葡萄糖产生丙酮酸，进一步分解成有机酸（如甲酸、乙酸、乳酸等），使细菌培养基的 pH 下降至 4.5 以下。当加入甲基红试剂呈红色反应。

（2）方法：用接种环将被检菌纯培养物接种于葡萄糖蛋白胨水培养基中，置恒温箱35℃，18～24 h（或延长时间）培养。

（3）结果观察和判定：在上述细菌培养物中，滴加几滴甲基红试剂，轻轻摇匀试管，培养液立即显红色为阳性，黄色为阴性。

3. V-P 实验

（1）原理：某些细菌将分解葡萄糖产生丙酮酸，丙酮酸进一步脱羧生成乙酰甲基甲醇，乙酰甲基甲醇在碱性环境中被空气中的 O₂ 氧化为二乙酰，二乙酰与培养基蛋白胨中的胍基（如精氨酸等含有）发生反应，形成红色的化合物。若培养基中加入含胍基的化合物，如肌酸或肌酐等，可加速反应。

（2）方法：将待检菌接种于葡萄糖蛋白胨水培养基中，置恒温箱35℃，48 h 培养。取培养物 1mL，加入 0.5mL α-萘酚（6%乙醇溶液）和 16% KOH 溶液，振荡混合；或培养液中加入等量奥梅拉氏（O-Meara）试剂（0.3g 肌酸或肌酐溶于 100mL 40% KOH 溶液），混合，静置数分钟观察结果，若长时间无反应时，置35℃培养 4 h 或室温过夜。

（3）结果观察和判定：在数分钟内溶液出现红色反应为阳性，若数分钟内（或 35℃、4 h 或室温过夜）无红色反应为阴性。

4. 靛基质（吲哚）实验

（1）原理：某些细菌具有色氨酸酶，能分解培养基蛋白胨中的色氨酸产生靛基质（吲哚）。靛基质与靛基质试剂中的对位二甲基氨基苯甲醛结合，形成红色玫瑰靛基质，出现呈色反应。

（2）方法：将待检菌接种于蛋白胨水培养基中，置恒温箱 35℃，24～48h 培养（或可延长培养时间）。培养后往培养液中加入 1～2mL 乙醚（二甲苯或戊醇等）摇匀，静置片刻，使乙醚（二甲苯或戊醇等）浮于培养液表面，沿试管壁加入靛基质试剂（欧立希氏试剂）数滴，数分钟内观察结果。

（3）结果观察和判定：在浮于培养液上面的靛基质试剂层，出现玫瑰红色者为阳性，无色者为阴性。

5. 硫化氢（H_2S）实验

（1）原理：有些细菌能分解培养基中含硫氨基酸（如胱氨酸、半胱氨酸等），产生 H_2S，硫化氢与培养基中的重金属盐类（如铅离子、亚铁离子等）结合，形成硫化铅或硫化亚铁等黑褐色沉淀。可间接检测细菌是否产生硫化氢。

（2）方法：主要有两种检测方法，一种是将被检菌穿刺接种于含硫代硫酸钠或醋酸铅的固体（或半固体）培养基中，35℃培养，24～48h 后观察结果；另一种为将被检菌接种于液体培养基（肉汤培养基）中，再将吸有醋酸铅的滤纸条（将滤纸剪成约 65mm×6mm 规格纸条，浸泡于醋酸铅饱和溶液，取出干燥、灭菌备用），悬挂于培养基上空（不要与培养液接触即可），用试管塞夹住滤纸条，置恒温培养箱 35℃培养，1～6d 观察结果。

（3）结果观察和判定：在穿刺线周围出现黑色者，或在吸有醋酸铅的滤纸条变黑者为阳性；无黑色变化者为阴性。

6. 尿素酶实验

（1）原理：某些细菌具有尿素分解酶（脲酶），能分解培养基中含有的尿素，产生大量氨，使培养基呈碱性，在酚红指示剂的作用下，培养基呈红色。

（2）方法：挑取被检菌纯培养物接种于尿素培养基中（琼脂斜面或液体培养基），置 35℃恒温培养箱培养，1～6d 观察结果。

（3）结果观察和判定：培养基（原黄色）变为红色者为阳性；未变色者为阴性。

7. 枸橼酸盐利用实验

（1）原理：某些细菌能利用枸橼酸盐（如枸橼酸钠）作为唯一碳源，无机磷酸铵作为氮的来源。在含有上述成分的培养基上生长，其分解产物是碳酸钠和氨（NH_3），使培养基呈碱性，导致溴麝香草酚蓝指示剂由淡绿色变成深蓝色。

（2）方法：挑取被检菌纯培养物接种于枸橼酸盐琼脂斜面或液体培养基，置 35℃恒温培养箱培养，1～4 d 观察结果。

（3）结果观察和判定：培养基由淡绿色变为深蓝色（或没有蓝色变化，但可见细菌生长时）判定为阳性；培养基不变色，无细菌生长者为阴性。

8. 氧化酶实验

（1）原理：某些细菌具有氧化酶（细胞色素氧化酶），可使细胞色素 C 氧化，氧化型细胞色素 C 使试剂中对苯二胺氧化，生成有色的醌类化合物，呈现颜色反应。

（2）方法与结果判定：

直接法：在待检菌的菌落（琼脂斜面或琼脂平板）上，直接滴加试剂一滴，如滴加 Kovac 试剂（1‰四甲基对苯二胺水溶液）时，菌落呈深紫色为阳性；滴加 Gordon 试剂（1‰盐酸二甲基对苯二胺水溶液）时，菌落呈蓝色为阳性；无颜色变化者为阴性。

纸片法：取洁净滤纸一小片（或条），滴加 Gordon 试剂，以湿润为宜。用细玻棒或牙签等蘸取被检菌幼龄培养物，涂抹在滤纸片上，10s 内出现蓝色者为阳性，否则为阴性。

氧化酶实验注意事项：氧化酶实验试剂（1‰盐酸二甲基对苯二胺水溶液）容易氧化，应装在棕色瓶中，存于 4℃冰箱，若试剂变成红褐色，不宜使用；氧化酶试剂遇含铁物质，变成红色，故用玻棒或牙签等取细菌培养物。

9. 过氧化物酶（接触酶）实验

（1）原理：有些细菌具有过氧化氢酶（或接触酶），能催化 H_2O_2 产生为水和气态的氧，则出现气泡。

（2）方法与结果判定：

方法 1（玻片法）：取洁净的玻片平放，先滴一滴 3‰ H_2O_2 溶液，用接种环挑取被检菌纯培养物（菌落），放在 H_2O_2 溶液中混匀，若出现气泡者为阳性，无气泡者为阴性。

方法 2（试管法）：取一个洁净的小试管，先将 3‰ H_2O_2 溶液约 1mL 加入到试管中，用玻璃棒蘸取待检菌，将玻璃棒（沾有细菌部分）插入到 3‰ H_2O_2 溶液液面之下，若有产生气泡者为阳性，无气泡者为阴性。

方法 3（直接法）：将 3‰ H_2O_2 溶液约 1mL，滴加于待检菌生长的菌落或菌苔上，若有气泡产生者为阳性，无气泡者为阴性。

10. 凝固酶实验

（1）原理：有些致病性细菌可产生凝固酶，凝固酶有两种，一种是与细胞壁结合的凝聚因子，称结合凝固酶，直接作用于血浆中的纤维蛋白原，使之变成纤维蛋白发生沉淀，包围于细菌外面而凝聚成块（可用玻片法检测）；另一种凝固酶是分泌至细胞外，称游离凝固酶，它能使凝血酶原变成凝血酶类产物，使血浆（兔或人）中液态纤维蛋白原变为固态纤维蛋白，从而使血浆凝固（可用试管法检测）。

（2）方法与结果判定：

玻片法：取洁净玻片在中央滴一滴生理盐水，用接种环挑取待检菌培养物，使其混匀（必要时设阳性菌对照和阴性菌对照）制成菌悬液（静置 10～20s，待无自凝现象），则加入新鲜血浆一环，与菌悬液混合，静置观察结果。若在 10～20s 内出现凝集现象者为阳性，不出现凝集者为阴性。

试管法：取试管两支，各加入 0.5mL 1∶4 稀释的血浆，挑取待检菌和阳性对照菌纯培养物，分别加入血浆中并混匀，于 37℃水浴，每 30min 观察一次，观察到 2h。若观察到有凝块或整管凝集出现者为阳性，2h 以后无上述现象者为阴性。

【思考题】

1. 简述细菌生长特性在细菌鉴别和诊断中的意义。
2. 不同细菌对某些生化实验为何出现不同的实验结果？有何实际意义？

实验6

微生物的菌种保藏技术

【目的和要求】

1. 了解菌种常规保藏方法的基本原理。
2. 掌握几种常用的菌种保藏方法。

【概述】

微生物菌种是重要的生物资源，菌种保藏是一项重要的微生物基础工作。菌种保藏的目的就是使菌种经过一段时间的保藏后仍然保持活力，形态和生理特性稳定，不污染杂菌，复活后能够继续正常使用。菌种保藏的方法很多，其原理却大同小异，主要是根据微生物本身的生理生化特点，人为地创造一个适合菌株长期休眠的环境，即干燥、低温、缺氧或缺乏养料等，使微生物的代谢活动处于最低的状态，但又不至于死亡。常用的菌种保藏方法有：斜面传代低温保藏法、液体石蜡保藏法、沙土管保藏法、冷冻干燥保藏法、液氮超低温保藏法等。实际应用过程中应依据微生物菌种的不同特性和需求，选用不同的保藏方法。

斜面传代低温保藏法是许多生产单位及研究单位普遍使用的微生物菌种保藏方法之一。该法是将培养好的适宜保藏的微生物菌种（培养至产生休眠细胞或孢子阶段）经过检查确认无污染后，将斜面菌种放入 4℃ 冰箱中进行保存，每隔一段时间进行传代培养后，再继续保藏。该方法的优点是操作简单，无需特殊设备，费用低廉，适宜各类微生物菌种的保藏，尤其是生产中需要大量斜面菌种。缺点是保藏时间短，一般保存 1～6 个月，需要定期传代，易产生菌种退化现象，易污染杂菌等。

液体石蜡保藏法是将斜面培养物浸入经灭菌的液体石蜡中密封，置于室温或 4℃ 冰箱中进行保存。通过液体石蜡的封存使微生物处于隔离氧气的状态，降低代谢速度。该方法简单有效，不需要特殊设备，适用于丝状真菌、酵母菌、细菌和放线菌菌种保藏，但不适合于能够代谢石蜡微生物的保藏。放线菌、霉菌及产芽孢的细菌一般可保藏 2 年，酵母菌和不产芽孢的细菌可保藏 1 年。

沙土管保藏法多用于能产生孢子的微生物的保藏（如放线菌、芽孢杆菌、曲霉属、青霉属以及少数酵母如隐球酵母和红酵母等），其原理是在干燥条件下微生物菌种代谢活动减缓，繁殖速度受到抑制。此方法能够减少菌株突变，延长存活时间。因此在抗生素工业生产中应用最广，效果亦好，菌种一般可保存 2 年左右。该方法不适用于病原性真菌的保藏，尤其是不适于以菌丝发育为主的真菌的保藏。该方法的沙土灭菌效果影响到菌种的保存效果。

冷冻干燥保藏法是目前科研机构采用的最有效的菌种保藏方法之一，其原理是将含菌的液体菌种在减压条件下升华其中的水分（为防止在冷冻干燥过程中对细胞产生的伤害而需要加入冷冻保护剂），最后达到干燥。该方法集中了菌种保藏中低温、干燥、缺氧和添加保护剂等多种有利于菌种保藏的条件，使微生物代谢处于相对静止的状态，适合于菌种的长期保藏，菌种的保藏时间可长达 10~20 年。该方法适用于细菌、放线菌、能产生孢子的霉菌、酵母菌的保藏，具有保藏范围广、存活率高等特点。该方法的缺点是操作过程烦琐，需要冻干机等特殊设备，此外，冻干质量直接影响到菌种的保存效果。

【实验材料】

1. 菌种 细菌、酵母菌、放线菌和霉菌。

2. 培养基 牛肉膏蛋白胨培养基斜面（培养细菌），麦芽汁培养基斜面（培养酵母菌），高氏 1 号培养基斜面（培养放线菌），马铃薯蔗糖培养基斜面（培养丝状真菌）。

3. 试剂 无菌水，液体石蜡，P_2O_5，脱脂奶，10% 盐酸，干冰，95% 乙醇。

4. 仪器 无菌试管，无菌吸管（1mL 及 5mL），无菌滴管，接种环，40 目及 100 目筛子，干燥器，安瓿管，冰箱，冷冻真空干燥装置，酒精喷灯，三角烧瓶（250mL），瘦黄土（有机物含量少的黄土），食盐，河沙。

【实验内容】

（一）斜面传代低温保藏法

1. 制作斜面培养基 按照保藏菌种的生物学特性制作适宜的新鲜斜面培养基，并进行无菌检验后备用。

2. 斜面接种 将待保藏菌种按照无菌操作的要求转接至相应的试管斜面上，细菌和酵母菌宜采用对数生长期的细胞，放线菌和产孢霉菌宜采用成熟的孢子，食用菌菌种则采用菌丝生长苗壮并整齐一致长满斜面的母种。转接后在试管斜面的正上方距试管口 2~3cm 处贴上标签，注明菌株名称和接种日期。

3. 培养 细菌于 37℃ 恒温培养 18~24h，酵母菌于 28~30℃ 培养 36~60h，放线菌和产孢霉菌于 28℃ 培养 4~7d，食用菌菌种于 25℃ 培养 20d 左右。

4. 保藏　待斜面菌种长好后，可直接放入 4℃冰箱保藏。为防止棉塞受潮滋生杂菌，可用牛皮纸或旧报纸包扎试管口，或换上无菌硅胶塞，亦可用熔化的固体石蜡熔封棉塞或胶塞。

5. 保藏时间　依微生物种类而不同，酵母菌、霉菌、放线菌及有芽孢的细菌可保存 2～6 个月，不产芽孢的细菌可保存 1 个月左右，食用菌菌种可保存 2～3 个月，到达保藏期限的菌种应及时转接，防止菌种过期保藏而失活，但也应避免因传代过多而造成菌种退化。

（二）液体石蜡保藏法

1. 液体石蜡灭菌　将液体石蜡装于三角烧瓶中，装量不超过三角瓶容积的 1/3，瓶口塞上棉塞并用牛皮纸包扎好，在 121℃条件下湿热灭菌 30min，然后放在 40℃的恒温箱中干燥 2h 以除去水分（或者在 105～110℃下干热灭菌 2h），除去水分的石蜡为均匀透明状液体。

2. 接种培养　同斜面传代低温保藏法。

3. 加液体石蜡　在超净工作台上按照无菌操作的要求用无菌吸管吸取液体石蜡，加到已培养好的菌种斜面上，加入量以高出斜面顶端约 1cm 为宜，塞上经过灭菌的硅胶塞。

4. 保藏　硅胶塞外用牛皮纸或锡箔纸包扎，然后将试管直立放置于 4℃冰箱中或在室温条件下保存，保藏期间应定期检查，如培养物露出液面，应及时补充无菌的液体石蜡。如发现异常则应重新培养并保藏。

采用此保藏方法，霉菌、放线菌、有芽孢的细菌可保藏 2 年左右，酵母菌可保藏 1～2 年，一般无芽孢细菌也可保藏 1 年左右。

5. 恢复培养　当要使用保藏菌株时，对于单细胞菌种可以直接用接种环从液体石蜡下挑取少量菌种，控净液体石蜡，再接种于新鲜培养基中培养；对于菌丝状菌种则应将石蜡全部从试管中倒出，再用接种铲把菌丝块转接于新鲜培养基中培养。第一次转接时由于菌体表面黏有液体石蜡，生长较慢且有黏性，所以一般需要转接 2 次以上才能使菌种的原有特性得到恢复。

（三）沙土管保藏法

1. 河沙处理　按需要取一定量的河沙，经 40 目过筛以去除大颗粒，用 10%盐酸浸泡（用量以浸没沙面为宜）24h，并搅拌数次，以除去有机杂质，然后倒去盐酸，用清水泡洗数次至中性，烘干或晒干，备用。

2. 灭菌　将干沙分装于小试管（或安瓿瓶）中，装入量约 1cm 高，塞好棉塞，并用牛皮纸包扎瓶口，在 121℃条件下湿热灭菌 30min，然后烘干。

3. 无菌实验　每 10 支沙土管任抽一支，取少许沙土接入牛肉膏蛋白胨或麦芽汁培养液中，在最适的温度下培养 2～4d，确定无菌生长时才可使用。若发现有杂菌，经重新灭菌后，再作无菌实验，直到合格。

4. 菌种培养　将拟保藏的菌种转接到适宜的斜面培养基上，经过培养得到健壮的菌体细胞或丰满的孢子。

5. 制备菌悬液　在培养好的菌种试管内注入 3～5mL 无菌水，用接种环轻轻搅动，洗下细胞或孢子，制成菌悬液。

6. 加样 用 1mL 吸管吸取上述菌悬液 0.1～0.5mL 加入沙土管中，用接种环拌匀。加入菌液量以湿润沙土达 2/3 高度为宜。如保藏放线菌可不制成菌悬液，直接用接种针挑取孢子拌入沙土管中。

7. 干燥 将含菌的沙土管放入干燥器中，干燥器内用培养皿盛满 P_2O_5 作为干燥剂，也可用真空泵连续抽气干燥。当把沙土管轻轻一拍，沙土呈分散状即达到充分干燥。

8. 纯培养检查 从做好的沙土管中，按 10∶1 比例抽查。无菌条件下用接种环取出少量沙土粒，接种于适宜的固体培养基上，培养后观察其生长情况和有无杂菌生长。如出现杂菌或菌落数很少，或根本不长，则须进一步抽样检查。

9. 保藏 将纯培养检查合格的沙土管用预先灭过菌的胶塞替换棉塞（安瓿瓶可用火焰熔封管口），蜡封后置于阴暗干燥处保存。每隔半年检查一次活力及杂菌情况。也可将纯培养检查合格的沙土管直接用牛皮纸或塑料纸包好，置干燥器内保存。用此方法保藏时间为 2～10 年不等。

10. 恢复培养 如需要转接培养时，在无菌条件下打开沙土管，挑取少量混有细胞或孢子的沙土，接种于斜面培养基上培养即可，原沙土管仍可继续保藏。

此法适用于保藏能产生芽孢的细菌及形成孢子的霉菌和放线菌，可保存 2 年左右。但不能用于保藏营养细胞。

（四）冷冻干燥保藏法

1. 准备安瓿管 选用内径 5mm，长 10.5cm 的硬质玻璃试管，用 10％盐酸浸泡 8～10h 后用自来水冲洗多次，最后用去离子水洗 1～2 次，烘干，将印有菌名和接种日期的标签放入安瓿管内，有字的一面朝向管壁。管口加棉塞，在 121℃条件下灭菌 30min。

2. 制备脱脂牛奶 将脱脂奶粉配成 20％乳液，然后分装，在 121℃条件下灭菌 30min，并作无菌实验。

3. 准备菌种 选用无污染的纯菌种，细菌培养为 24～48h，酵母菌为 3d，放线菌与丝状真菌为 7～10d。

4. 制备菌液及分装 吸取 3mL 无菌牛奶直接加入斜面菌种管中，用接种环轻轻搅动菌落，再用手摇动试管，制成均匀的细胞或孢子悬液。用无菌滴管将菌液分装于安瓿管底部，每管装 0.2mL。

5. 预冻 将安瓿管外的棉花剪去并将棉塞向里推至离管口约 15mm 处，再通过乳胶管把安瓿管连接于总管的侧管上，总管则通过厚壁橡皮管及三通短管与真空表、干燥瓶及真空泵相连接，并将所有安瓿管浸入装有干冰和 95％乙醇的预冷槽中（此时槽内温度可达 -50～-40℃），只需冷冻 1h 左右，即可使悬液冻结成固体。

6. 真空干燥 完成预冻后，升高总管使安瓿管仅底部与冰面接触（此处温度约 -10℃），以保持安瓿管内的悬液仍呈固体状态。开启真空泵后，应在 5～15min 内使真空度达 66.7Pa 以下，使被冻结的悬液开始升华，当真空度达到 13.3～26.7Pa 时，冻结样品逐渐被干燥成白色片状，此时使安瓿管脱离冰浴，在室温下（25～30℃）继续干燥（管内温度不超过 30℃），升温可加速样品中残余水分的蒸发。总干燥时间应根据安瓿管的数量，悬液装量及保护剂性质来定，一般 3～4h 即可。

7. 封口样品　干燥后继续抽真空达 1.33Pa 时，在安瓿管棉塞的稍下部位用酒精喷灯火焰灼烧，拉成细颈并熔封，然后置 4℃冰箱内保藏。

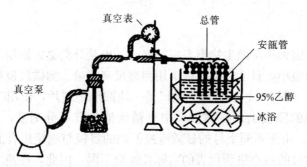

图 6-1　抽真空干燥装置

8. 恢复培养　用 75％乙醇消毒安瓿管外壁后，在火焰上烧热安瓿管上部，然后将无菌水滴在烧热处，使管壁出现裂缝，放置片刻，让空气从裂缝中缓慢进入管内后，将裂口端敲断，这样可防止因安瓿瓶突然开口使空气大量进入管内致使菌粉飞扬。将适宜的培养液加入冻干样品中，使干菌充分溶解，再用无菌的长颈滴管吸取菌液至合适培养基中，放置在最适温度下培养。

冷冻干燥保藏法综合利用了各种有利于菌种保藏的因素（低温、干燥和缺氧等），是目前最有效的菌种保藏方法之一。保存时间可长达 10 年以上。

【思考题】

1. 简述真空冷冻干燥保藏菌种的原理。
2. 菌种保藏中，石蜡油的作用是什么？
3. 经常使用的细菌菌株，使用哪种保藏方法比较好？
4. 沙土管法适合保藏哪一类微生物？
5. 制备菌悬液过程中为什么要加入保护剂？
6. 低温冷冻干燥保藏方法有何优点？

 实验7

微生物细胞大小的测定、数目计数及运动性观察

【目的和要求】

1. 了解目镜测微尺和镜台测微尺的构造和使用原理，掌握测量微生物细

胞大小的方法。

2. 了解血球计数板的构造和计数原理，掌握使用血球计数板进行微生物计数的方法。

3. 掌握观察细菌运动性的方法。

【概述】

微生物细胞大小是微生物形态特征之一，也是分类鉴定依据之一。由于微生物细胞体积很小，只能在显微镜下用测微尺来测量。测微尺包括目镜测微尺和镜台测微尺（图 7-1）。目镜测微尺是一块圆形小玻片，使用时需要放置在显微镜目镜内的隔板上。在测微尺中央精确地刻有等分刻度，有 50 小格和 100 小格两种。由于不同型号的显微镜或不同的目镜与物镜组合的放大倍率不同，目镜测微尺的每小格所代表的实际长度也不同，因此，在使用前必须用镜台测微尺进行校正。镜台测微尺是在其中央部分刻有精确等分线的载玻片，一般将 1mm 等分为 100 格，每格长度为 10μm。测量前先用镜台测微尺来校正目镜测微尺每格所代表的长度，然后再用目镜测微尺直接测量微生物细胞的大小。

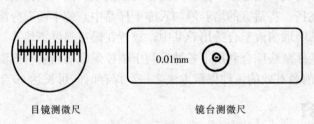

目镜测微尺　　　　　　　　　　镜台测微尺

图 7-1　目镜测微尺和镜台测微尺

测定微生物细胞数量的方法很多，利用血球计数板在显微镜下直接计数是一种重要的计数方法。对于菌体较大的酵母菌或霉菌孢子可采用血球计数板进行计数，而一般细菌则采用 Petrof-Hausser 细菌计数板或 Hawksley 计数板。这三种计数板的原理和部件相同，只是细菌计数板较薄，可以使用油镜进行观察，而血球计数板较厚，不能使用油镜。

血球计数板是一块特制的载玻片，其上有 4 条平行凹槽将载玻片分成 3 个平台。中间较宽的平台又被一短横凹槽分隔成两半，每个半边的平台上面各有一个计数室，其内刻有方格网（图 7-2）。刻度规格有两种：一种是 1 个大方格分成 25 个中方格，每个中方格又分成 16 个小方格，称为希里格式血球计数板；另一种是 1 个大方格分成 16 个中方格，每个中方格又分成 25 个小方格，称为麦氏血球计数板。两种规格计数板的共同特点是 1 个大方格中的小方格都是 400 个。每个大方格的边长为 1mm，则每个大方格的面积为 $1mm^2$，盖上盖玻片后，盖玻片与载玻片之间的高度为 0.1mm，所以计数室的容积为 $0.1mm^3$（$10^{-4}mL$）。计数时，一般统计 5 个中方格的总菌数，然后算出每个中方格的平均值，再乘上 25 或 16，就得出 1 个大方格中的总菌数，最后再换算成 1mL 菌液中的总菌数。

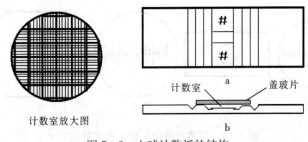

图 7 - 2 血球计数板的结构
a. 红细胞计数板正面图 b. 红细胞计数板纵切面图

细菌的鞭毛是细菌分类鉴定的重要特征之一，有鞭毛的细菌能在水中定向地由一个地方较快速地泳动到另一个地方。观察细菌运动一般采用水浸片法、悬滴法、半固定培养法和暗视野显微镜法，本实验采用悬滴法直接在光学显微镜下检查活细菌是否具有运动能力，以此来判断细菌是否有鞭毛。

【实验材料】

（一）微生物细胞大小的测定
1. 菌种 金黄色葡萄球菌、酿酒酵母（*Saccharomyces cerevisiae*）、枯草芽孢杆菌（*Bacillus subtilis*）。
2. 仪器 显微镜、目镜测微尺、镜台测微尺、擦镜纸。

（二）微生物的显微镜直接计数法
1. 菌种 酿酒酵母。
2. 仪器 血球计数板、盖玻片、吸水纸、计数器。

（三）细菌的运动性观察
1. 菌种 培养 12～18h 的枯草芽孢杆菌。
2. 仪器 凹玻片、盖玻片、接种环、玻璃棒、无菌水、凡士林。

【实验内容】

（一）微生物细胞大小的测定
1. 目镜测微尺的安装和校正 取下目镜，把目镜上的透镜旋下，将目镜测微尺的刻度朝下装入目镜的隔板上，然后旋上目镜的透镜，再将目镜插回目镜筒内。

把镜台测微尺置于载物台上，刻度面朝上。先用低倍镜观察，调焦距，待看清镜台测微尺的刻度后，转动目镜，使目镜测微尺的刻度线与镜台测微尺的刻度线相平行，并使两尺最左边的一条线重合，再向右寻找另外一条两尺重合的刻度线。然后分别数出两重合线之间目镜测微尺和镜台测微尺所占的格数。用同样的方法换成高倍镜和油镜进行校正，分别数出在高倍镜和油镜下两重合线之间目镜测微尺和镜台测微尺分别所占的格数。

由于已知镜台测微尺的每格长度为 $10\mu m$，根据下列公式即可分别计算出在不同放大倍数下，目镜测微尺每格所代表的长度。

$$目镜测微尺每格长度（\mu m）= \frac{两重合线间镜台测微尺格数 \times 10}{两重合线间目镜测微尺格数}$$

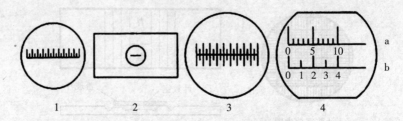

图 7-3 用镜台测微尺校正目镜测微尺

1. 目镜测微尺 2. 镜台测微尺 3. 镜台测微尺的中心部放大
4. 镜台测微尺标实目镜测微尺时两者重叠 a. 目镜测微尺 b. 镜台测微尺

2. 菌体大小的测定 将镜台测微尺取下，分别换上酿酒酵母、金黄色葡萄球菌、枯草芽孢杆菌的制片，先在低倍镜和高倍镜下找到目的物，然后在高倍镜下用目镜测微尺来测量酵母菌的菌体大小，在油镜下用目镜测微尺测量金黄色葡萄球菌、枯草芽孢杆菌的菌体大小。测量时先量出菌体的长和宽所占目镜测微尺的格数（不足一格的部分估计到小数点后一位数），再以目镜测微尺每小格所代表的实际长度计算出菌体的长和宽，将结果记录在菌体大小测定结果的表格中。

值得注意的是，同一种群中的不同菌体细胞之间存在个体差异，因此在测定每一种菌种细胞大小时应对 10～20 个菌体细胞进行测量，然后计算取平均值，才能代表该菌的大小。

3. 将实验记录填入表格（表 7-1 至表 7-4）

表 7-1 目镜测微尺校正结果

物镜	目镜测微尺格数	镜台测微尺格数	目镜测微尺每格代表的长度/μm
10×			
40×			
100×			

表 7-2 酵母菌大小测定记录

	1	2	3	4	5	6	7	8	9	10	平均值
长											
宽											

表 7-3 金黄色葡萄球菌大小测定记录

	1	2	3	4	5	6	7	8	9	10	平均值
直径											

表 7 - 4　枯草芽孢杆菌大小测定记录

	1	2	3	4	5	6	7	8	9	10	平均值
长											
宽											

(二) 微生物的显微镜直接计数

1. 菌悬液的制备　取酿酒酵母斜面试管 1 支，加入 5mL 无菌水，用无菌接种环刮下酿酒酵母菌苔，然后将菌液倒入放有玻璃珠的无菌三角瓶中，再用 5mL 无菌水冲洗斜面，洗下的菌液都转入到三角瓶内。振荡三角瓶约 10min，使菌体充分分散，制成菌悬液。

2. 稀释菌悬液　对酵母菌悬液进行适当的梯度稀释，稀释的目的是便于计数。取菌悬液 1mL 到试管中，用移液管移取 9mL 无菌水注入试管中（即稀释到 10^{-1}），再从已稀释的菌液中取 1mL 加到另一支试管中，加 9mL 无菌水注入试管中（即稀释到 10^{-2}），依此类推，即可得到一系列稀释梯度的菌液（斜面菌种一般稀释到 10^{-2}）。

3. 加样品　取洁净的血球计数板 1 块，在计数室上盖上盖玻片，将稀释的酵母菌悬液摇匀，用无菌滴管吸取少许，从计数板平台两侧的沟槽内沿盖玻片的下边缘滴入 1 滴（菌液不宜过多），让菌液自行渗入计数室中。注意不要产生气泡，并用吸水纸吸去沟槽中多余的菌悬液。静置 5min，使细胞自然沉降。

4. 计数　将加有样品的血球计数板置于载物台上，先用低倍镜找到计数室，再换成高倍镜进行观察计数。若发现菌液太浓或太稀，需重新调节稀释度后再计数。一般样品稀释度要求每小格内有 5～10 个菌体。每个计数室选 5 个中格（可按对角线方位取左上、左下、右上、右下的 4 个中格和计数室中央的 1 个中格）中的菌体进行计数。若有菌体位于格线上，则按照"计上不计下，计左不计右"的计数原则进行统计。如遇酵母出芽，芽体全计或全不计。计数时还应不断调节微调螺旋，以便看到不同层面的菌体，使计数室内的菌体全部被统计到，防止遗漏。计数需重复 2～3 次（每次数值不应差异过大，否则应重新操作），取平均数计算结果。

5. 结果计算　菌数（个/mL）＝每中格平均数×25（或 16）×10^4×稀释倍数

6. 冲洗血球计数板　计数完毕，取下盖玻片，用水将血球计数板冲洗干净，注意不要用硬物洗涮或擦抹，以免损坏网格刻度线。洗净后自行晾干，放入盒内保存。

7. 将实验记录填入表格（表 7 - 5）

表 7 - 5　显微镜直接计数结果

计数室	各中方格中菌数					5 个中方格中总菌数	菌液稀释倍数	菌数/(cfu/mL)	平均值
	1	2	3	4	5				

(三) 细菌的运动性观察——悬滴法

1. 菌悬液的制备　用接种环取 12～18h 的枯草芽孢杆菌 1 环，放于装有 3～5mL 无菌水的试管中，制成轻度混浊的菌悬液。

2. 涂凡士林　取一洁净凹玻片，凹槽周围涂少量的凡士林（图 7-4a）。

3. 滴加菌液　取洁净无油的盖玻片 1 块，在其四周涂少量的凡士林。在盖玻片的中央加 1 小滴菌液，注意滴加的液滴不宜过大，否则菌液会流到凹玻片上而影响观察（图 7-4b）。

4. 盖凹玻片　将凹玻片的凹槽对准盖玻片中央的菌液，缓慢地盖在盖玻片上，稍稍用力轻压，使两者黏在一起，然后轻轻翻转凹玻片，使菌液正好悬在凹槽的中央（图 7-4c、d）。

5. 计数　先用低倍镜找到菌液的边缘，然后将菌液移到视野中央换高倍镜或油镜观察。使用油镜观察时，盖玻片的厚度不应超过 0.17mm，在操作时还应十分小心，以免压碎盖玻片而损坏油镜头。由于菌液和菌体都是透明的，镜检时可适当缩小光圈或降低聚光器以增大反差，便于观察。镜检时要仔细辨别是细菌的自身运动还是布朗运动，前者是细菌借助鞭毛的摆动从一处游动到另一处，且两个细胞间出现明显的位置变化；后者则是菌体细胞因水分子的撞击而在原处摇摆颤动或随水流动，两个细胞间的位置相对不变。细菌的运动速度依菌种不同而异，应仔细观察。

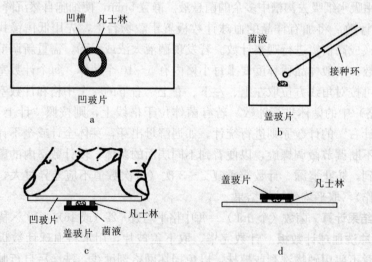

图 7-4　悬滴标本片的制作
a. 涂凡士林　b. 滴加菌液　c. 盖凹玻片　d. 翻转凹玻片

【思考题】

1. 为什么更换不同放大倍数的目镜或物镜时，必须用镜台测微尺重新对目镜测微尺进行校正？

2. 测量酵母菌和细菌大小时，在显微镜使用方法上有何不同？

3. 哪些因素会造成血球计数板的计数误差？应如何避免？

4. 你认为所有的微生物细胞都可以利用血球计数板进行计数吗？为什么？

5. 观察细菌运动时，如何区别细菌是由鞭毛引起的运动还是布朗运动？

实验8

酵母菌、霉菌及放线菌的观察

【目的和要求】

1. 掌握酵母菌水浸片的制备方法，观察酵母菌的形态及出芽方式。

2. 掌握观察放线菌形态的基本方法。

3. 掌握观察霉菌形态的基本方法。

【概述】

　　酵母菌是单细胞真菌，细胞圆形、卵圆形或柠檬形，菌体比细菌大。有明显的细胞核和肝糖、脂肪粒等内含物，有的酵母菌还有分枝状的假菌丝。繁殖方式以出芽生殖为主，有性生殖产生子囊孢子。观察酵母菌多采用水浸片法，可避免损伤细胞形态，还可以通过美蓝染色液的作用鉴别出死、活细胞。美蓝的氧化态呈蓝色，还原态呈无色，而且对细胞无毒，活细胞还原能力较强，使美蓝由氧化态转变成还原态而变成无色，死细胞染色后仍呈蓝色或淡蓝色。

　　霉菌菌丝直径 $2\sim10\mu m$，比一般细菌和放线菌菌丝大几倍至几十倍，菌丝细胞易收缩变形，而且孢子容易飞散，所以在制片时经常采用乳酸石炭酸棉蓝染色液，其特点是：染色液有杀菌防腐作用，不易使菌丝细胞变形，而且染色效果明显。在观察霉菌时应注意菌丝体有无隔膜，营养菌丝有无假根、无性繁殖或有性繁殖时形成的孢子是哪一种、孢子是怎样着生的等。观察霉菌基内菌丝、气生菌丝和繁殖菌丝，菌丝的培养方法有：直接制片法、透明胶带法和载玻片直接培养法等。

　　对由菌丝体组成的放线菌进行制片时，为了能够完整地看到细胞和菌丝形态，常常采用插片法或玻璃纸法。插片法是将灭菌的盖玻片插入接种有放线菌的平板，放线菌在生长过程中有部分菌丝能贴附在盖玻片上，然后取出盖玻片可在显微镜下直接观察放线菌的自然生长状态。玻璃纸法是将经过灭菌的玻璃纸平铺在培养基上，再在玻璃纸上接种放线菌，因菌丝在生长过程中不能穿透玻璃纸，镜检时只是揭下玻璃纸即可将完整的自然生长状态的菌落转移到载玻片上。观察放线菌孢子丝形态、排列方式等常采用印片法。

【实验材料】

1. 菌种 酿酒酵母、曲霉、青霉、根霉、毛霉、细黄链霉菌。

2. 染色液 0.05％美蓝染色液、0.04％中性红染色液、5％孔雀绿、0.5％沙黄液、95％乙醇、棉蓝染色液、石炭酸复红染色液、苏丹Ⅳ染色液、碘液。

3. 仪器及设备 载玻片、盖玻片、镊子、接种环、透明胶带、剪刀、滴管、玻璃纸、打孔器、酒精灯。

【实验内容】

(一) 酵母菌形态观察

1. 酵母菌的活体染色观察及死亡率的测定

(1) 取 0.05％美蓝染色液 1 滴，置于载玻片中央。

(2) 用接种环挑取酵母菌少许，放于染色液中混匀，染色 2～3min。

(3) 取 1 块盖玻片，先将盖玻片的一边接触染色液，然后再缓慢将盖玻片放下，注意不要产生气泡。

(4) 先用低倍镜，再用高倍镜观察酵母菌个体形态，区分母细胞和芽体，区分死细胞（蓝色）和活细胞（无色）。

(5) 在 1 个视野里统计死细胞和活细胞的个数，共计 5～6 个视野。

酵母菌死亡率采用下列公式计算：

$$死亡率（\%）＝死细胞总数 / 死、活细胞总数 × 100$$

2. 酵母菌液泡的活体染色

(1) 取 1 块干净的载玻片，在其中央滴加 1 滴中性红染色液。

(2) 用接种环挑取酵母菌少许，放于染色液中混匀，染色 5min。

(3) 按上述方法加盖盖玻片，在高倍镜下观察，细胞无色，液泡呈红色。

3. 酵母菌细胞中肝糖粒的观察

(1) 取 1 块干净的载玻片，在其中央滴加 1 滴碘液。

(2) 用接种环挑取酵母菌少许，放于碘液中混匀，反应约 1min。

(3) 按上述方法加盖盖玻片，在高倍镜下观察，细胞内的肝糖粒呈深红色。

4. 酵母菌子囊孢子的观察

(1) 活化酵母：将酿酒酵母接种在 PDA 培养基斜面上，置于 28～30℃培养 24h，然后再转接 2～3 次。

(2) 生孢培养：将经活化的酵母菌转移到醋酸钠培养基上，置于 28～30℃培养 14d。

(3) 制片：取 1 块洁净载玻片，在其中央滴 1 小滴蒸馏水，用接种环挑取少许菌苔放在水滴中，涂布均匀，自然风干后在酒精灯火焰上微热固定（水和菌量均不要太多，涂布时应涂开；微热固定温度不宜太高，以免使菌体变形）。

（4）染色：滴加数滴孔雀绿染色液，1min 后水洗；加 95％乙醇脱色 30s，水洗；然后用 0.5％沙黄染色液复染 30s，水洗，最后用吸水纸吸干。

（5）镜检：用高倍镜进行观察，子囊孢子呈绿色，菌体和子囊呈粉红色。注意观察子囊孢子的数目、形状，并统计子囊形成率。

5. 酵母菌假菌丝的观察（压片培养法）

（1）在无菌的培养皿中倒入薄薄一层 PDA 培养基（厚度应＜1mm），冷却。

（2）用接种环挑取经过活化的热带假丝酵母少许，在培养皿中央部位的培养基上划线接种 2～3 条。

（3）取 1 块无菌盖玻片（可用火焰灼烧法灭菌），盖在接种线上，轻压。于 25～28℃培养 4～5d 后，打开培养皿盖，置于显微镜下直接观察划线的两侧所形成的假菌丝形状。

（二）霉菌形态观察

1. 直接制片观察法

（1）取 1 块载玻片，在其中央滴 1 滴乳酸石炭酸棉蓝染色液。

（2）用接种针从培养有霉菌的平皿或试管中挑取菌丝少许，挑取时应从菌丝和培养基接触的根部挑起，然后置于染色液中，用解剖针小心地将菌丝分开，去掉培养基。

（3）取干净的盖玻片 1 块，先将盖玻片的一边接触染色液，然后轻轻盖上，注意不要产生气泡，再用接种针的手柄轻压盖玻片，使之和载玻片充分接触。

（4）镜检：用低倍镜和高倍镜观察菌丝形态、有无假根、有无隔膜、孢子着生方式等。

2. 透明胶带法

（1）取 1 块载玻片，在其中央滴 1 滴乳酸石炭酸棉蓝染色液。

（2）剪取约 10cm 长的透明胶带 1 段，两端分别黏在食指和拇指上，使透明胶带弯曲呈 U 型，并且带胶的一面朝下。

（3）打开培养有霉菌的平皿的皿盖，将透明胶带的胶面轻轻接触霉菌菌落表面，使胶面黏上霉菌孢子和菌丝。

（4）将透明胶带上黏有菌丝的部分浸入载玻片上的染色液中，并将透明胶带两端固定在载玻片两端，并使胶带平展。

（5）镜检：用低倍镜和高倍镜观察菌丝形态、孢子着生方式及孢子丝形态等。

3. 玻璃纸透析培养观察法

（1）选取能够允许营养物质透过的玻璃纸，裁成比平皿略小的圆片若干，用水浸湿后，放在平皿中灭菌 30min，备用。

（2）按无菌操作法倒平板，冷凝后用灭菌的镊子夹取经灭菌的玻璃纸贴附在平皿的培养基上，再用接种环蘸取少许霉菌孢子，在玻璃纸上方轻轻抖落，然后将平板置于 28～30℃下培养 3～5d，直至在玻璃纸上形成霉菌菌落。

（3）剪取长有霉菌菌落的玻璃纸一小块，注意应保持菌落的完整性。先放在 50％乙醇中浸一下，洗掉脱落下的孢子，然后将带有菌丝的一面朝上贴附于干净的载玻片上，滴加 1～2 滴乳酸石炭酸棉蓝染色液，再轻轻地盖上盖玻片，注意不要产生气泡，而且不要弄乱菌丝。

（4）镜检：先用低倍镜，后用高倍镜观察，注意观察菌丝有无隔膜，有无假根、足细胞，孢子着生方式及孢子形态、大小等。

（三）放线菌形态观察

1. 直接观察放线菌的自然生长状态　将培养 4～5d 的细黄链霉菌的培养皿打开，放在显微镜低倍镜下找到菌落的边缘，直接观察气生菌丝和孢子丝的形态，注意菌丝分枝情况和孢子丝卷曲情况。

2. 印片法观察孢子丝及孢子形态　用镊子取 1 块盖玻片在酒精灯火焰上烤至微热，放在预先在培养皿中培养好的放线菌的菌落上轻轻按压一下，将印有菌落痕迹的一面向下，放在滴有石炭酸复红染色液的载玻片上，轻压，用油镜观察孢子丝的形态及孢子排列情况。

3. 水浸片观察营养菌丝形态　用玻璃纸法培养放线菌。在干净的载玻片上滴 1 滴蒸馏水，用镊子将生长有放线菌的玻璃纸与培养基分开，剪取一小块带有菌落的玻璃纸，菌落面朝上，平贴于载玻片的蒸馏水上（注意不要有气泡），置显微镜下观察营养菌丝的形态。

4. 气生菌丝和营养菌丝分染法　剪取一小块带有放线菌菌落的玻璃纸，用苏丹Ⅳ染色液染色 30min，然后在 70％乙醇中浸泡数秒以除去剩余的染料，水洗，干燥后在显微镜下观察。营养菌丝几乎无色，气生菌丝被染上红色。

5. 菌丝和孢子分染法　剪取一小块带有放线菌菌落的玻璃纸，在放线菌菌丝孢子分染液中染色 2min，水洗，干燥，然后在显微镜下观察。菌丝呈淡黄色，孢子蓝色，气生菌丝中带有红色颗粒。

【思考题】

1. 为什么美蓝染色液能够区分酵母菌细胞的死活？
2. 根据实验结果，说明美蓝染色液的浓度和染色时间对死活细胞数量有无影响。
3. 制作霉菌标本片时能否用常规涂片法？
4. 显微镜下观察霉菌菌丝与放线菌菌丝有什么异同？
5. 制作放线菌标本片时为什么不能用常规的涂片法？
6. 制作放线菌的印片标本时应注意些什么？

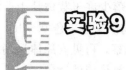

衣原体、支原体及螺旋体的
形态学观察

【目的和要求】

学习观察沙眼衣原体、肺炎支原体及钩端螺旋体形态的方法。

【概述】

衣原体是介于细菌和病毒之间、专性细胞内寄生的革兰氏阴性原核生物。具滤过性，有不完整的酶系统。在其生活史中有原体、始体、包涵体等形态。支原体是无细胞壁的原核生物，柔软，可通过滤器，细胞膜含甾醇类，是已知的可独立生活的、最小的细胞型生物。可人工培养，形成"油煎蛋"状菌落。螺旋体是形态细长、柔软、弯曲呈螺旋状的运动活泼的单细胞原核生物，具有细菌细胞的所有内部结构。核区和细胞质构成原生质圆柱体，柱体外缠绕着一根或多根轴丝。轴丝的一端附着在原生质圆柱体近末端的盘状物上，轴丝相互交叠并向非固着端伸展，超过原生质圆柱体，类似外部的鞭毛，但具外包被。

本实验观察沙眼衣原体包涵体、肺炎支原体和钩端螺旋体的染色片。

【实验材料】

1. 观察材料　衣原体感染的病料（肺、脑脊髓等）、肺炎支原体的培养物、钩端螺旋体病死猪的肝肾组织。

2. 试剂　生理盐水、0.85% NaCl、甲醇、姬姆萨（Giemsa）染色液。

3. 器材　接种环、载玻片、酒精灯、试管、吸管、显微镜。

【实验内容】

（一）衣原体形态观察

（1）衣原体感染的肺、脑脊髓等病料用灭菌肉汤或 Hanks 液制成 10% 的组织悬液（悬液中加入链霉素和卡那霉素，4℃作用 4～12h），离心取上清接种于 5～7 日龄鸡胚（或 8～10 日龄鸭胚）卵黄囊内，每胚 0.3～0.5mL，3～5d 后死亡。

（2）用接种环挑取死胚卵黄囊膜上的液体制成涂片，甲醇液固定 2min，取稀释姬姆萨液滴在涂片上，染色 15min，水洗，自然干燥。衣原体原体为紫色，网状体为蓝色，包涵体为蓝色、深蓝色或深紫色。有散在、连续排列或聚集成堆的。

（二）肺炎支原体的形态观察

用接种环挑取肺炎支原体在 Hayflik 培养基上的菌落少许于载玻片上，涂片，自然干燥后用甲醛固定 5min，干燥后加稀释的姬姆萨染液染色 0.5 h。最后用蒸馏水冲洗至标本全红色为止。吸干后置油镜下观察，可见支原体呈高度多形性，常有球形、杆状、丝状、分支状、颗粒状等，被染成蓝紫色。

（三）螺旋体形态观察

（1）钩端螺旋体感染的组织制成乳剂，接种到含终浓度为 100～400 μg/mL 5-氟尿嘧啶的柯氏培养基中。

（2）接种管置于 25～30℃培养箱中培养，1～2 周后液体培养基呈半透明去雾状混浊生长。

（3）培养物进行姬姆萨染色，镜下可见淡红色菌体。

【结果】

1. 绘制沙眼衣原体包涵体、肺炎支原体和钩端螺旋体在油镜下的形态图。
2. 记录肺炎支原体在 Hayflik 培养基上的菌落特征。

【思考题】

支原体为什么呈多形性？

实验10

藻类、原生动物、微型后生动物个体形态观察

【目的和要求】

1. 进一步熟悉和掌握显微镜的操作方法。
2. 学习用压滴法制作标本。
3. 观察和识别几种真核微生物的个体形态，注意观察活性污泥中的微生物组成，尤其是对原生动物和微型后生动物等指示生物的观察和识别，认识到指示生物在环境治理中的重要作用。

【概述】

原生动物以细菌和颗粒状有机物或溶解性有机物为食，它对废水的净化起重要作用，原生动物易于通过显微镜观察和分辨，因而可作为指示生物，通过观察原生动物群落结构来评价水质污染程度。借助显微镜观察藻类个体形态，通过实验了解藻类的特征、细胞等的构成，是藻类分类的重要依据。

【器材】

显微镜、原生动物装片、藻类装片、活性污泥混合液或各种水样；镊子、擦镜纸、吸水纸、玻璃小吸管、烧杯、载玻片、盖玻片等。

【操作步骤】

（1）标本片的制作：用压滴法制作原生动物标本片，取一片干净的载玻片放在实验台上，用一支滴管吸取活性污泥混合液或水样滴于载玻片的中央，用干净的盖玻片覆盖在液滴上（注意不要有气泡）即成标本片。

（2）低倍镜观察：将标本片置镜台上，用标本夹夹住，用粗调焦螺旋调焦后，再轻轻转动细调焦螺旋以便得到清晰的物像。如果观察的目标不在视野中央可调节标本移动器，使之位于视野中央，再用高倍镜观察。

（3）高倍镜观察：用低倍镜调准焦距后，换高倍镜，若视野模糊，用细调节器调至清晰。

（4）观察原生动物的形态，行动器官等（见附注）。

（5）观察藻类的形态，所含色素等依照检索表进行分类（见附注）。

【实验报告】

1. 将在显微镜下观察到的原生动物形态绘制成图，并根据以下检索表将其分类。

附注　检索表

（一）根据藻类所含的色素和植物体的形态与构造分成 10 门

1. 细胞具色素体；贮藏物质为淀粉或脂肪 ······························ 2
1. 细胞无色素体，色素分散在原生质中；贮藏物质
　　以蓝藻淀粉为主 ······································· 蓝藻门（Cyanophyta）
2. 细胞壁由上、下两个硅质瓣壳套合组成；壳面具辐射对称或左右
　　对称的花纹 ·· 硅藻门（Bacillariophyta）
2. 细胞壁没有上、下两个硅质瓣壳组成 ······························· 3
3. 营养细胞或动孢子具横沟和纵沟或仅具纵沟 ······················· 4
3. 营养细胞或动孢子不具横沟和纵沟 ······························· 5
4. 无细胞壁或细胞壁由一定数目的板片组成 ············· 甲藻门（Pyrrophyta）
4. 无细胞壁或细胞壁不具板片 ························· 隐藻门（Cryptophyta）
5. 色素体为绿色，罕见灰色或无色；贮藏物质为淀粉或裸藻淀粉 ·············· 6
5. 色素体为红色、黄色、黄绿色，有时为淡绿色；贮藏物质为红藻淀粉、
　　白糖素、脂肪或甘露醇 ···8
6. 植物体大型，分枝，规则地分化成节和节间 ·············· 轮藻门（Charophyta）
6. 植物体为单细胞，群体的或多细胞的丝状体或叶状体，无节和节间的分化 ······· 7
7. 植物体多为单细胞，少数为群体；运动细胞顶端具 1、2 或 3 条鞭毛；

有时无色；贮藏物质为裸藻淀粉 ························· 裸藻门（Euglenophyta）

7. 植物体为单细胞的、群体的，丝状的或薄壁组织状的；运动的营养细胞或动

孢子具 2（少数属具 4 或 8）条等长的鞭毛；罕见无色的；

贮藏物质为淀粉 ······························· 绿藻门（Chlorophyta）

8. 植物体为红色或有时为绿色；生活史的任何时期均无具鞭毛的细胞；

贮藏物质为红藻淀粉 ·························· 红藻门（Rhodophyta）

8. 植物体不为红色；运动细胞或生殖细胞具 2（罕见 3）条不等长的鞭毛；

贮藏物质为白糖素、油或甘露醇 ····························· 9

9. 植物体褐色；植物体常为大型的、丝状、壳状、叶状，有的具假根、

假茎、假叶的分化；动孢子肾形，具 2 条侧生的鞭毛；贮藏

物质为褐藻淀粉和甘露醇 ···················· 褐藻门（Phaeophyta）

9. 植物体黄绿色、金褐色或淡黄色；植物体常为小型的，单细胞、

群体或丝状；运动细胞具 1、2 或 3 条等长或不等长的鞭毛；

贮藏物质为白糖素或油 ····························· 10

10. 植物体金褐色或淡黄色；植物体通常为小型的、单细胞或群体；

运动细胞具 1 条鞭毛或 2 条等长或不等长的鞭毛，罕见具

3 条鞭毛的；有些种类为变形虫状的 ·········· 金藻门（Chrysophyta）

10. 植物体黄绿色；植物体为单细胞、群体或丝状；运动细胞具 2 条不等长的鞭毛；

单细胞或群体种类细胞壁常由两瓣套合组成，

丝状种类由两"H"字形节合成 ················· 黄藻门（Xanthophyta）

（二）根据原生动物行动器官的不同，可分为下列四类

（1）鞭毛虫（Flagellata）：单细胞个体，具有 1 根或 1 根以上鞭毛作为行动工具。通常有卵圆形、椭圆形、杯形、双锥形及多角形等。有单生的，也有各种形态的群体生活的。常见种类有：聚屋滴虫（*Oikomonas socialis*）、尾波豆虫（*Bodo caudatus*）、跳侧滴虫（*Pleuromonas jaculans*）、领鞭毛虫（choanoflagellate）。

（2）肉足虫（Sarcodina）：原生质体赤裸，没有加厚的表膜或壳，伪足可以从质体任何地方伸出。内外质分界明显，外质透明，内质泡状或颗粒状。没有固定的形状，靠体内原生质流动形成伪足捕食。个体大小可由几个微米到几百个微米。常见种类有变形虫。

（3）纤毛虫（Ciliata）：纤毛虫是原生动物中进化到高一级的类群，在结构上比较复杂。个体大小差异很大，最小的只有 $10\mu m$，最大的可达 $3\,000\mu m$。纤毛的多少和分布的位置不同，或周生于表面或一部分生长着许多纤毛，靠纤毛有节奏地摆动而游泳。通常可分自由游动纤毛虫、着生型纤毛虫和下毛虫。

① 自由游动的纤毛虫：游泳时常匍匐爬行在杂质中，常见的有斜管虫（*Chilodonella*）、漫游虫（*Litonotus*）、前管虫（*Prorodon*）、肾形虫（*Colpoda*）、草履虫（*Paramecium*）等。

② 着生型纤毛虫：固着在其他生物及杂质上，常见种类有钟虫（*Vorticella*）、累枝虫（*Epistylis*）、盖纤虫（*Opercularia*）、聚缩虫（*Zoothamnium*）、独缩虫（*Carchesium*）等。

③ 下毛虫（*Hypotrichida*）：背面隆起，腹面扁平，纤毛融合成触毛，分

布在腹面一定的地区，又分前触毛、腹触毛、臀触毛、尾触毛和缘触毛，用触毛支撑虫体，有"足"的作用。观察触毛在虫体的分布可区别其种类。常见种类有肋楯纤虫（*Aspidisca costata*）、尖毛虫（*Oxytricha*）、棘尾虫（*Stylonychia*）、瘦尾虫（*Uroleptus*）等。

（4）吸管虫（Suctorida）：纤毛仅在个体发育中自由生活的幼体阶段才有，成体阶段已退化，"口"变成了许多吸管状的触手，分布在全身或身体的一部分。常见的有壳吸管虫（*Acineta*）、足吸管虫（*Podophrya*）和锤吸管虫（*Tokophrya*）。

WEISHENGWUXUE

第二部分

应用性实验

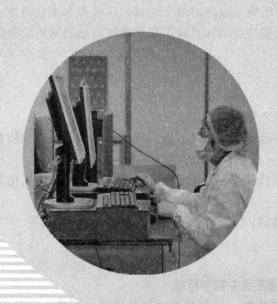

实验11

葡萄球菌和链球菌的
微生物学检查

【目的和要求】

1. 掌握致病性葡萄球菌和链球菌的微生物学检查方法。
2. 了解两种细菌的菌体形态、排列、培养特性、生化特性及主要的鉴别要点。

【概述】

葡萄球菌与链球菌在自然界中分布极广，种类繁多。其中有的为非致病菌，有的为致病菌。致病性葡萄球菌主要是金黄色葡萄球菌，可引起化脓感染，也可造成人类的食物中毒。该菌鉴定可通过形态及染色特性、色素颜色、溶血性、过氧化氢酶实验、凝固酶实验、甘露醇发酵实验、肠毒素实验等进行。链球菌种类繁多，致病性链球菌可引起多种化脓性炎症、败血症、心内膜炎、马腺疫等多种疾病。细菌的形态与排列、培养和生化特性、溴甲酚紫实验、CAMP实验及动物致病性实验等在致病性链球菌的鉴定和区别上具有重要的意义。

【实验材料】

1. 菌种 金黄色葡萄球菌、马腺疫链球菌。

2. 培养基 普通琼脂培养基、普通肉汤培养基、血液琼脂和血清肉汤培养基等。

3. 试剂 革兰氏染色液、甘露醇微量发酵管、3%过氧化氢溶液、兔血浆等。

4. 仪器 显微镜、恒温培养箱、细菌染色和接种用具等。

【实验内容】

（一）葡萄球菌主要生物学特性

1. 形态及染色特性 挑取葡萄球菌的材料（菌落、病料、液体培养物）直接涂片，经革兰氏染色后，镜下观察其形态、排列及染色性。在液体培养物和病料涂片中，葡萄球菌常呈单个、成对或短链状。在固体培养基上生长的常呈典型的葡萄串状排列。革兰氏阳性。

2. 培养特性

（1）接种：将血液琼脂平板分为几个等份，取各种葡萄球菌或病料，用划线接种法分别接种于血液琼脂平板上，并作标记。同样，分别将菌种接种于普通琼脂平板及普通肉汤中，置 37 ℃培养 18～24 h。观察生长表现及特征。

（2）观察结果及记录：

普通琼脂平板：菌落呈圆形、湿润、不透明、边缘整齐、表面隆起的光滑菌落。由于菌株不同可能呈现黄色、白色或柠檬色。

血液琼脂平板：多数致病性菌落形成明显的溶血环。

血清肉汤：显著混浊，形成沉淀，在管壁形成菌环。

3. 葡萄球菌的生化特性

（1）过氧化氢酶实验（接触酶实验）：将 1 mL 3 %过氧化氢溶液，倾注于普通琼脂平板上生长的菌落中，观察有无气泡发生。出现气泡者为阳性。或取约 1 mL 3 %过氧化氢溶液注入清洁的小试管中，用细玻璃棒蘸少许细菌，插入过氧化氢液面之下，观察有无气泡产生。出现气泡者为阳性，不产生气泡者为阴性。

（2）甘露醇发酵实验：将被检菌株纯培养物接种于甘露醇发酵管中，置 37 ℃培养 24 h，观察分解甘露醇的情况。培养液由蓝紫色变为黄色者为阳性，无颜色变化为阴性。

（3）凝固酶实验：

①试管法：取灭菌小试管两支，分别加注兔血浆或羊血浆（用灭菌生理盐水 1∶4 稀释）0.5 mL，其中一管加入 5～10 滴肉汤培养物或细菌悬液，另一管不加细菌作对照，摇匀，置 37 ℃，定时（每隔 30min）观察至 2 h。如有凝块或整管呈现陈胶状凝集者为阳性。

②玻片法：在载玻片两端分别滴加生理盐水 1 滴，用接种环挑取菌落浮于生理盐水中，使成均匀悬液，然后向其中的一滴细菌悬液内滴加兔血浆一滴，并用接种环将其混匀，另一滴细菌悬液不加血浆，作为对照。若血浆中的细菌发生凝块，即为阳性。

4. 致病性葡萄球菌的鉴定　大多数致病性葡萄球菌，过氧化氢酶及凝固酶实验为阳性；产生金黄色色素；血液琼脂平板上形成溶血；发酵甘露醇产酸不产气（表 11 - 1）。

表 11 - 1　3 种葡萄球菌的鉴别

	过氧化氢酶实验	三糖铁培养基底部变黄	发酵甘露醇	
			有氧条件下	厌氧条件下
金黄色葡萄球菌	＋	＋	＋	＋
表皮葡萄球菌	－	＋	±	－
腐生葡萄球菌	－		±	－

＋：实验阳性；±：有些菌株为阳性，有些为阴性；－：实验阴性。

（二）链球菌主要生物学特性

1. 链球菌的形态观察　以接种环挑取链球菌培养物或病料（脓汁、乳汁、渗出物等）分别涂片，用革兰氏染液及美蓝染液染色，镜检观察其形态、排列、大小及染色特性。多数链球菌在血清肉汤中常呈长链状排列，比较典型。而在固体培养基上生长者或病料涂片，常为短链状排列。

2. 链球菌的培养特性　将链球菌分别接种于血液琼脂平板、血清肉汤或马丁肉汤等培养基中，置 37 ℃培养 18～24 h（液体培养基可培养 6～18 h）。观察并记录平板上菌落的形态、大小、表面性状及溶血情况，以及在血清肉汤或马丁氏肉汤中的生长表现。

链球菌的溶血现象可分为 α、β 及 γ 三型，在 37 ℃培养 24 h 后，于血液平板的菌落周围有不透明、狭窄而呈草绿色溶血环，称 α 型溶血，又称绿色溶血型；在血液平板上的菌落周围形成无色透明的溶血环者称 β 型溶血；在血液平板上的菌落周围不产生溶血现象称 γ 溶血，又称非溶血型。如马腺疫链球菌呈现 β 型溶血。

3. 链球菌的生化特性　不同链球菌的生化特性有差异，借此用于有些链球菌的区别和鉴定。如乳糖、菊糖、山梨醇、水杨苷等发酵实验。

对乳腺的检查，应着重检查无乳、停乳、乳房 3 种链球菌、化脓链球菌及葡萄球菌。鉴定 3 种链球菌及葡萄球菌常用下列两种方法：

（1）溴甲酚紫实验：取 0.5 mL 无菌的 0.5 ％溴甲酚紫溶液，加入 9.5 mL 新挤出的牛乳中（废弃初挤出的牛乳，然后无菌操作将乳挤入无菌的刻度试管中），混匀后乳汁呈紫色。置 37 ℃培养 24 h，观察结果。如由紫色变为绿色或黄色，沿管壁在管底有黄色团块者则为无乳链球菌。因为它所引起的乳房炎的乳清中含有凝集素，在这种情况下无乳链球菌生长时常聚集成团，又因此菌能发酵乳糖产酸而使乳汁变成黄色。如果病乳中含有两种以上细菌，或采乳过程中有其他细菌污染时，则可出现不同的结果而不易判断。

（2）CAMP 实验：在血液平板上，先接种一条金黄色葡萄球菌的划线，与此线垂直接种被检的链球菌。在有金黄色葡萄球菌产物存在的情况下，无乳链球菌（原来不溶血或溶血不明显）可产生明显的 β 型溶血现象。借此可区别无乳链球菌与停乳、乳房链球菌。

4. 链球菌的致病力　将马腺疫链球菌兽疫亚种的肉汤培养物注射到小鼠（腹腔，0.1 mL），观察 3 d，如有死亡，取其腹腔渗出液作涂片，革兰氏染色镜检。

【思考题】

1. 葡萄球菌和链球菌在形态及菌落特征上有何区别？

2. 在血液琼脂平板上，有些细菌菌落周围出现溶血环，解释其原因及意义。

实验12

大肠杆菌和沙门氏菌的
微生物学检查

【目的和要求】

1. 了解和观察大肠杆菌与沙门氏菌的形态与染色特征。
2. 熟悉大肠杆菌与沙门氏菌的主要培养特性，并掌握两种菌的区别点。
3. 了解大肠杆菌与沙门氏菌的常规检查程序和方法。

【概述】

大肠杆菌和沙门氏菌是肠道杆菌科的主要细菌，在自然界中广泛分布，尤其是人和动物的肠道中，其中有些细菌能引起人和动物的多种传染性疾病。此外，具有极为重要的公共卫生学意义。两种菌种类繁多，血清型复杂，在形态和染色特性等具有一些共同的特性，较难区别。但有些培养特性和生化特性有差异，可作为鉴别诊断的依据，此外，大肠杆菌和沙门氏菌的抗原（如菌体抗原、鞭毛抗原及表面抗原等）特性有差异，利用血清学方法进行细菌的鉴定和诊断。

【试剂和器材】

1. 菌种　大肠杆菌、鸡伤寒沙门氏菌。
2. 培养基　肉汤、琼脂平板、三糖铁、伊红美蓝、麦康凯、生化培养基等。
3. 试剂　革兰氏染色液、靛基质、MR 等试剂、沙门氏菌诊断血清等。
4. 仪器　显微镜、糖发酵管、恒温培养箱等。

【实验内容】

（一）大肠杆菌与沙门氏菌的形态与染色特性观察

将大肠杆菌和沙门氏菌固体培养物的单个菌落或液体培养物进行涂片，经革兰氏染色后镜检。观察两种细菌的形态、大小、排列及染色特性，并作比较。大肠杆菌为革兰氏阴性无芽孢的直杆菌，大小（$0.4 \sim 0.7$）$\mu m \times$（$2 \sim 3$）μm，两端钝圆，散在或成对，大多数菌株以周生鞭毛有运动性，但也有无鞭毛的变异株。碱性染料对本菌有良好的着色性，菌体两端偶尔略深染。沙门氏菌的形态特征和染色特性等与大肠杆菌相似，差异不明显，呈直杆状，革兰氏阴性，除雏沙门氏菌和鸡沙门氏菌无鞭毛不运动外，其余各菌均有周生鞭毛，具有运动性。

（二）大肠杆菌与沙门氏杆菌的培养特性

将大肠杆菌和沙门氏菌细菌的纯培养物分别接种于肉汤、普通培养基、三糖铁培养基、麦康凯琼脂、伊红美蓝琼脂及 SS 琼脂培养基上，置 37℃ 培养 24h 后，观察两种细菌在上述培养基中的生长特性并比较。

大肠杆菌为兼性厌氧菌，最适生长温度为 37℃，最适生长 pH 为 7.2～7.4。在麦康凯琼脂上形成红色菌落；在伊红美蓝琼脂上产生黑色带金属闪光的菌落；在三糖铁高层斜面培养基上培养，斜面、高层都呈黄色；在 SS 琼脂上一般不生长或生长较差，生长者呈红色。一些致病性菌株在绵羊血平板上呈 β 溶血。在营养琼脂上生长 24h 后，形成圆形、凸起、光滑、湿润、半透明、灰白色菌落，直径 2～3mm。S 型菌株在肉汤中培养 18～24h，呈均匀混浊，管底有黏性沉淀，液面管壁有菌环。

沙门氏菌的培养特性与大肠杆菌相似。有些细菌如鸡白痢、鸡伤寒、羊流产和甲型副伤寒等沙门氏菌在普通琼脂上生长贫瘠，形成较小的菌落。在肠道杆菌鉴别或选择性培养基上，大多数菌株因不发酵乳糖而形成无色菌落。有别于大肠杆菌，如麦康凯琼脂、SS 琼脂上生长菌落呈淡红色或无色，在三糖铁高层斜面培养基上培养中，斜面呈红色，高层呈黄色。

（三）生化特性检测

大肠杆菌和沙门氏菌细菌的纯培养物作为实验菌株，进行主要生化特性检测并比较。

1. 糖发酵实验　待检菌的纯培养物分别接种于葡萄糖、乳糖、蔗糖、麦芽糖、甘露醇等微量生化反应管中，37℃ 培养，观察结果。凡培养基由蓝紫色变为黄色者，表示该菌发酵此糖产酸（以＋表示）；凡培养基变黄并含有气泡者，表示该菌发酵此糖产酸产气（以 ⊕ 表示）；凡培养基不变色者，表示该菌不发酵此糖（以－表示）。大部分大肠杆菌菌株迅速发酵乳糖和蔗糖，某些不典型菌株则迟缓或不发酵；大部分沙门氏菌不分解乳糖和蔗糖。

2. MR 实验　又称甲基红实验，将实验菌接种于葡萄糖蛋白胨水，经 37℃，培养 1～3d，取培养液 1 mL，加入 MR 试剂 1～2 滴，立即观察结果。凡液体呈红色者为阳性反应（＋），呈黄色者为阴性反应（－），橙色者为可疑反应（±）。

3. V－P 实验　将实验菌接种于葡萄糖蛋白胨水，经 37℃，培养 3～4d，取培养液 1 mL，先加入 V－P 试剂甲液（6％甲萘酚酒精溶液）0.6mL，再加 V－P 试剂乙液（40％KOH 水溶液）0.2 mL，充分混匀后静置于试管夹上，10～15min 观察结果。数分钟内出现红色者为阳性反应；若无红色出现，则静置室温或 37℃ 恒温箱，2h 内仍不出现红色，可判定为阴性。

4. 吲哚实验　又称靛基质实验，将实验菌接种于蛋白胨水培养基，经 37℃，培养 2～3d（可延长 4～5d），于培养液中加入二甲苯 1～2 mL，摇匀，静置片刻待乙醚浮于液面上层后，沿试管壁加入欧立希氏（Ehrlich）（对位二氨基苯甲醛 1g，溶于 95mL 无水乙醇，缓慢加入浓盐酸 20mL 混匀，避光保存）数滴（3～5 滴），观察液层界面颜色。凡乙醚层内出现玫瑰红色者为阳性反应，不变色者为阴性反应。

5. 硫化氢（H₂S）实验　实验菌接种于醋酸铅琼脂管培养基中，培养 2～3d，凡沿穿刺线或其周围出现黑色沉淀者为 H_2S 阳性反应，无黑色者为阴性反应。

6. 运动力　实验菌接种于半固体琼脂管培养基中，经培养观察结果，具有运动力的细菌，则部分或全部培养基混浊，不具有运动力的细菌仅在穿刺线上，穿刺线外围培养基仍然透明。

7. 柠檬酸盐利用实验　被检菌接种于柠檬酸盐琼脂管中，经 2～3d 培养观察结果。凡细菌能生长，培养基颜色变为天蓝色者，为阳性反应（具有分解和利用柠檬酸盐的能力），否则为阴性反应。

（四）沙门氏菌血清学诊断

以玻板（片）法为例简介沙门氏菌血清学诊断方法。操作程序为沙门氏菌定性—血清群鉴定—血清定型等步骤。

1. 沙门氏菌定性　方法：取一张清洁玻片，用接种环蘸取沙门氏菌多价 O 血清（A～F）至玻片上，挑取待检菌纯培养物少许与玻片上的多价 O 血清混匀成菌体悬液，静置室温观察凝集现象（在 2～5min 内，温度过低应适当加温），出现凝集者初步诊断为沙门氏菌。同时用生理盐水代替多价 O 血清设对照。排除细菌自凝现象。

2. 血清群鉴定　方法：初步定性的菌株，进一步用代表 A 群（O_2）、B 群（O_4）、C 群（O_7、O_8）、D 群（O_9）、E 群（O_3）、F 群（O_{11}）的 O 因子血清分别作玻片凝集反应，确定被检菌株的血清群。

3. 血清定型　方法：已定群的菌株用该群所含有的多种因子血清（如 H 抗原、O 抗原及表面抗原等）和被检菌株作玻片凝集反应，检测抗原成分，与沙门氏菌抗原表比较（参见附录 4），确定血清型。

【思考题】

1. 大肠杆菌和沙门氏菌的培养特性、生化特性有何区别和鉴别意义？
2. 血清学检查在大肠杆菌和沙门氏菌鉴定上有何作用？

实验13

炭疽芽孢杆菌的微生物学检查

【目的和要求】

1. 观察炭疽芽孢杆菌的形态、生长特性及病料组织涂片的诊断要点。
2. 了解和掌握炭疽芽孢杆菌实验室检验的步骤和方法。

【概述】

炭疽芽孢杆菌简称炭疽杆菌，该菌致病性较强，可引起多种动物及人发生疾病，是一种重要的人畜共患病病原体。对不同宿主的致病性有差异，表现出败血症型和局部型病变。实验动物中，小鼠、豚鼠、仓鼠和家兔等易感。炭疽芽孢杆菌接触氧气形成芽孢，增强抵抗不良环境的能力，能够较长时间存在于土壤、皮毛等环境中，构成感染源。因此对疑为炭疽病的病料取材、实验室诊断时应小心，取材后的尸体应立即焚毁，器材须严格消毒，严防污染、传播。

送检材料的采集，对疑为死于炭疽的动物尸体，通常严禁剖检，应自耳根部等末梢血管处采血或取天然孔流出的血液涂片镜检，初步诊断。必要时可切开肋间采取脾脏。疑为皮肤炭疽可采取病灶水中液或渗出物，疑为肠炭疽可采取粪便。若已错剖畜尸，则可取脾、肝、淋巴结等。需要时也可取皮、毛、骨粉、饲料、饲草、土壤等材料。

炭疽芽孢杆菌具有特殊的形态特征和培养特性，对某些实验动物的致病性和症状有明显的特征，该菌的血清学反应具有很强的特异性。因此，炭疽芽孢杆菌常依靠细菌的形态特征、培养特性、动物实验及血清学实验等作出鉴定。

【实验材料】

1. 菌种 炭疽杆菌、γ型炭疽杆菌噬菌体。

2. 培养基 普通肉汤、普通琼脂平板、血液琼脂平板、明胶培养基等。

3. 试剂 革兰氏染色液、青霉素、炭疽荚膜血清、炭疽沉淀素血清、标准炭疽沉淀抗原等。

4. 仪器 显微镜、恒温培养箱等。

【实验内容】

(一) 形态与染色特性

将炭疽芽孢杆菌的固体或液体培养物，经涂片及革兰氏染色，镜检观察细菌的形态、大小、排列及染色特性。炭疽杆菌在形态上具有明显的双重性。在人工培养物内（或自然界中）是一种粗而长的革兰氏阳性大杆菌，大小为$(1.0\sim1.5)\ \mu m\times(4\sim8)\ \mu m$，成长链条状排列，形成圆形或卵圆形的中央芽孢，一般看不到荚膜。血清琼脂培养物可形成荚膜；在病料内，常单个散在，或几个菌体相连，呈短链条排列，在菌体周围绕以肥厚的荚膜（美蓝或姬姆萨染色，呈红色），整个菌体宛如竹节状，但用腐败材料制备涂片时，则往往看到无菌体的阴影-菌影，这个阴影就是荚膜。菌体无鞭毛。

(二) 培养特性

炭疽芽孢杆菌为需氧型，在氧气不足条件下，生长较差；最适 pH7.2～7.6；对营养要求不严格，在普通培养基上能旺盛生长；最适生长温度30～37℃。在普通琼脂上培养18～24h，生长扁平、灰白色、不透明、干燥、边缘不整齐的火焰状大菌落，用低倍镜观察，菌落边缘呈卷发状；血液琼脂呈不溶血；

在明胶高层培养中呈倒立松树状生长；在普通肉汤中，培养 24h，培养液清朗，于管底见有白色棉絮状沉淀物，轻摇成丝状而不散，不形成菌膜或菌环。该菌繁殖体的抵抗力不强，芽孢型的抵抗力较强，煮沸 15～25min、121℃高压灭菌 5～10min 方可破坏。借此用于芽孢型材料的预处理及分离培养。

（三）生化特性

炭疽杆菌的糖发酵实验特性，如分解葡萄糖、麦芽糖、蔗糖、蕈糖、果糖，产酸不产气，不分解乳糖、阿拉伯糖、木糖、水杨苷。对青霉素及四环菌素敏感。此外，对本菌的鉴定具有特征性的鉴别实验，如串珠实验、噬菌体裂解实验和荚膜肿胀实验等。

1. 串珠实验　将实验菌接种于肉汤，37℃培养 4～6h，摇匀取一接种环，转接于 1.8mL 肉汤管中，同时加青霉素液（5 IU/mL 生理盐水溶液），使最终浓度达到 0.5 IU/mL，另设对照（不加青霉素，加生理盐水）。均置 37℃水浴中作用 1～3h，取出加入甲醛，使最终浓度达到 2%，固定 10min。用接种环取细菌固定液于载玻片上涂片，晾干，再火焰固定，用 1∶10 稀释的石炭酸复红染色 2～3 min，镜检。菌体由杆状变成球形，使成链的杆菌变为成串的圆形菌，如串珠状。对照无此现象。本实验也可用琼脂平板法进行。

炭疽杆菌在一定浓度的青霉素作用下，由于细胞壁中的黏肽合成被抑制，而形成原生质体，因而菌体膨胀，互相粘连形成串珠状。串珠反应是炭疽杆菌的特征性反应现象。此反应可结合荧光抗体染色，则更具有使用价值。

2. 噬菌体裂解实验　取待检菌 37℃培养 4～6h 的肉汤培养物，用涂菌棒密集涂于琼脂平板（或含 2%血清琼脂培养基）的一定区域（直径 2～3cm），待干后，再用接种环在涂菌中部滴加 γ 型炭疽杆菌噬菌体，干后，置 37℃培养 18～24h，肉眼观察有无噬菌斑。炭疽杆菌菌体被噬菌体裂解后，出现明显而透明噬菌斑。同时在培养基的另一区域，设已知炭疽杆菌阳性对照和不加噬菌体的阴性对照。本法特异性高，其他类炭疽杆菌无此现象。

3. 荚膜肿胀实验　取被检菌材料（如感染小鼠腹腔液、血清等富含蛋白质培养基，在 10%～20% CO_2 浓度环境培养菌等）滴于载玻片上，再滴加抗炭疽杆菌荚膜血清，混匀制成湿片，先用低倍镜找到典型的细菌后，再用高倍镜进一步检查。阳性反应：菌体周围看到边缘清晰、肥厚不等的荚膜；阴性反应：无明显肿胀者。由于有荚膜的炭疽杆菌与抗炭疽荚膜血清相遇时，发生抗原-抗体反应，在荚膜表面发生轻微的沉淀反应，使荚膜增厚。

（四）动物接种实验

在炭疽诊断中如有炭疽可疑而镜检阴性时，原始材料被污染时，有必要作最后确定时，确定病原体的毒力和难于诊断等情况，可进行动物接种实验。常用实验动物有小鼠、豚鼠和家兔等。

（1）材料准备：被检菌肉汤培养物（37℃培养 18h）、血液、渗出液；组织材料制成 1∶5 乳悬液。

（2）接种方法与剂量：一般用皮下注射。小鼠 0.1～0.2 mL，豚鼠 0.2～0.5 mL，家兔 0.2～1.0 mL 。通常于接种 12h 后可见局部水肿，18～72 h 后动物死于败血症。

（3）死后剖检：动物死亡后应尽快剖检，观察局部皮下出现胶样渗出物，肝、脾肿大，发暗黑色，为炭疽杆菌有毒株的特征。取心血和脾脏作分离培养，观察培养特性，同时进行涂片，染色镜检，观察有无带有荚膜的粗大杆菌。

（五）血清学检查

1. Ascoli 氏沉淀反应 被检炭疽杆菌的多糖抗原与已知炭疽抗体进行沉淀反应，检出病料、皮张等被检材料中的炭疽杆菌多糖抗原。

（1）被检抗原（沉淀原）的制备：有两种方法：

①热浸法：取被检材料（脾、肝或淋巴结等）数克，剪碎研磨，加入 5～10 倍生理盐水浸渍，置 100℃ 水浴中煮沸 20min（或 121℃ 高压 15 min），用滤纸过滤（或离心）获透明液体，即被检抗原。

②冷浸法：被检材料（毛、皮张等）先于 121℃ 高压灭菌 30 min，取数克材料（皮张剪为小块），加入 5～10 倍的石炭酸生理盐水（0.3%～0.5%）置室温或普通冰箱中浸泡 18～24h，用滤纸过滤获得透明液体，即被检抗原。

（2）方法：取 3 只小试管 [（0.3～0.4）mm×50mm]，标上 1 号（实验管）、2 号（阳性对照）、3 号（生理盐水对照）。用毛细滴管每管加入炭疽沉淀素血清约 0.1mL，之后用毛细滴管（每管都专用）1 号管沿管壁滴入等量制备的被检抗原，使后加液体重叠于炭疽沉淀素液上面形成界面（切勿混合），同样 2 号管滴入等量炭疽标准抗原，3 号管滴入等量生理盐水。竖立静置数分钟后，观察结果。若 1 号管两液接面处有白色沉淀环即为阳性反应，否则为阴性反应。同时 2 号应出现阳性反应，3 号管为阴性反应。

2. 炭凝集反应 该实验是炭疽杆菌抗体吸附于炭粉表面，制成炭疽炭血清，是检测炭疽杆菌抗原的一种方法。

方法：取 15cm×25cm 玻璃板一块，用玻璃铅笔画上两排直径约 5cm 圆圈若干个，往圆圈内各加被检标本 0.1mL（用 0.2%NaCl 溶液稀释），然后加入炭疽炭血清 0.05mL，用牙签混匀，再前后左右摇动玻板，静止 1～5min，观察结果。若有明显炭粉凝集，液体透明者为阳性反应；炭粉不凝集，液体混浊不透明者为阴性反应。实验同时做以下 3 种对照：炭疽炭血清加标准抗原，正常炭血清加标准抗原，正常炭血清加被检标本。只有第一种对照阳性，其他两种对照全部阴性时符合实验要求。该反应可检出每毫升约含 78 000 个以上的炭疽杆菌芽孢标本。

【思考题】

1. 炭疽杆菌在培养物中和病料内的形态有何区别？

2. 炭疽杆菌在普通琼脂和肉汤中生长有何特征？

实验14

布鲁氏菌的微生物学检查

【目的和要求】

1. 熟悉布鲁氏菌的形态、染色特性及分离培养方法。
2. 初步掌握布鲁氏菌的实验室诊断程序和方法。

【概述】

　　布鲁氏菌是一种重要的人畜共患病病原体，引起人和多种动物布鲁氏菌病。该菌主要分6个种，如马耳他布鲁氏菌、流产布鲁氏菌、猪布鲁氏菌、绵羊布鲁氏菌、沙林鼠布鲁氏菌和犬布鲁氏菌。该菌能寄生于宿主细胞内，不产生外毒素，但具有毒性较强的内毒素。菌体对某些染料具有迟染的特性，用于鉴别染色。感染动物可产生凝集素等抗体，因此，血清学实验是布鲁氏菌的常规诊断手段，常采用玻板、试管凝集实验、乳汁环状实验等。布鲁氏菌具有多种感染途径（如消化道、呼吸道、皮肤接触侵入体内），用活布鲁氏菌进行实验时，应严格遵守个人防护规则，防止人员感染和环境污染。

【实验材料】

　　1. 菌种　布鲁氏菌。

　　2. 培养基　肝汤肉汤培养基、肝汤琼脂培养基、血清琼脂培养基、胰蛋白胨琼脂培养基等。

　　3. 试剂　科兹洛夫斯基染色试剂、布鲁氏菌阳性和阴性血清、布鲁氏菌平板和试管凝集抗原等。

　　4. 仪器　显微镜、恒温培养箱、染色用器材等。

【实验内容】

（一）形态及染色特性

　　将布鲁氏菌的培养物或病料（如流产胎儿的胃内容物、肝、脾、流产胎盘和羊水等），经涂片、革兰氏染色和科兹洛夫斯基鉴别染色，镜检观察细菌的形态、大小、排列及染色特性。布鲁氏菌为革兰氏阴性菌，科兹洛夫斯基鉴别染色菌体散在，呈红色的球状杆菌或短小杆菌，背景为绿色或蓝色。可与其他细菌相区别。最好在40 min内镜检，经久则红色会退去。

　　科兹洛夫斯基染色法：①涂片：按常规染色法将被检材料涂抹在载玻片上；②干燥、火焰固定；③染色：用2%沙黄水溶液加温染色，加热至出现蒸汽为止，染色 0.5～1min；④充分水洗 1～2min；⑤复染：用 1％孔雀绿水溶液复染 2～3min（或美蓝染色液染色 1～2min）；⑥水洗、干燥。

改良萋-尼氏法：同上法①、②制作标本片；用稀释石炭酸复红液染色 10 min；水洗；用 0.5％醋酸处理，不超过 30 s；充分水洗；用 1 ％美蓝轻度复染 20 s，水洗、干燥、镜检。结果布鲁氏菌染成红色，背景为蓝色。

（二）培养特性

布鲁氏菌接种于肝汤肉汤培养基、肝汤琼脂培养基、血清琼脂培养基等，37℃培养观察生长表现及特征。

布鲁氏菌为专性需氧，但流产布鲁氏菌和绵羊布鲁氏菌在初代分离培养时，需要在 5％～10％ CO_2 环境中才能生长，生长缓慢（常 5～10d，甚至 20～30d），传代菌株培养 2～3d 即可生长良好。该菌营养要求较高，含有血液、血清、肝浸液培养基中生长良好，泛酸钙和内消旋赤藓糖醇可刺激某些菌株生长。

在固体培养基上，光滑（S）型菌落无色透明、表面光滑湿润，菌落大小不等，一般直径为 0.5～1.0mm。粗糙（R）型菌落不太透明，呈多颗粒状。有时还可出现混浊不透明、黏胶状的黏液（M）型菌落。除 S、R 和 M 型菌落外，在培养中还会出现这些菌落间的过渡类型，如 S→R 型菌落间的中间（I）型菌落。

（三）动物实验

应用动物接种分离布鲁氏菌，比培养基培养可靠，尤其病料内含菌数较少时，培养常不能获得生长。常用豚鼠作为实验动物。一般取病料制成悬液，做皮下或腹腔接种，接种量为每只 1～2 mL。接种后每隔 7～10d 采血，检测血清中抗体，凝集价达 1∶50 以上者判为阳性，证明已感染布鲁氏菌。此时从豚鼠心血中常可分离培养出细菌。

一般接种后第 5 周左右扑杀豚鼠，扑杀前先作凝集实验。剖检时，常见膝淋巴结和腰下淋巴结肿大，脾肿大，表面粗糙，常见隆起的结节病灶；肝常见灰白色细小平坦的小结节；四肢关节肿胀。可进一步实验证实阳性结果，取材作细菌分离培养，一般从脾脏和淋巴结可分离到纯布鲁氏菌。如扑杀前的血清凝集实验为阳性，即使剖检后分离培养为阴性，也可诊断为布鲁氏菌病。

（四）血清学诊断

布鲁氏菌的血清学诊断主要采用以已知的布鲁氏菌抗原检测被检材料中的布鲁氏菌抗体。常用的方法有凝集反应、乳汁环状实验、补体结合实验、变态反应检查等。本实验主要介绍凝集反应和乳汁环状实验。

1. 凝集反应 布鲁氏菌凝集反应有平板凝集反应和试管凝集反应两种。

（1）平板凝集反应：

方法：取清洁的玻板一块，用玻璃笔划成 5 行小格，将被检血清样品以 80、40、20、10 μL 分别加到一排的 4 个格里，最后一格加 40 μL 生理盐水作对照。然后用滴管吸取布鲁氏菌平板凝集抗原液（轻轻摇动抗原瓶，使其均匀悬浮），垂直滴 1 滴抗原（约 30 μL）于每一血清格内和生理盐水旁边，自生理盐水对照格开始用火柴棒搅匀，直至 80 μL 的血清格混合，摊开直径约 1cm 的圆形。拿起玻板在酒精灯火焰上方稍加热，在 5～8 min 内观察结果。若有可见凝集片或颗粒，液体混浊者判定凝集（即 25％的菌体被凝集）。

结果判定：大动物（如牛、马和骆驼等）的血清在 20 μL 或以下凝聚，而小动物（如绵羊、山羊、犬和猪等）血清在 40 μL 或以下凝聚，判定为阳性反应；大动物血清在 40 μL 凝聚，小动物血清在 80 μL 凝聚时判为可疑。

（2）试管凝集反应：

方法：取 7 支清洁试管并编号（1～7 号），将被检血清用 0.5％石炭酸生理盐水稀释成 4 个稀释度（血清最终稀释度分别为 1∶25、1∶50、1∶100、1∶200，在 1～4 号管内，每管血清稀释液总量为 0.5mL）。稀释方法见表 14-1。5～7 号管是实验对照管（抗原、阳性血清及阴性血清），5 号管加 0.5％石炭酸生理盐水 0.5mL；6 号管加布鲁氏菌阳性血清（1∶25 稀释）0.5mL；7 号管加布鲁氏菌阴性血清（1∶25 稀释）0.5mL。然后每管（1～7 号管）各加入 0.5％石炭酸生理盐水稀释 20 倍的布鲁氏菌试管凝集抗原 0.5mL，将 7 支试管同时充分混匀，置 37℃恒温箱中 4～10h，取出在室温下放置 18～24h 后观察并判定结果。

表 14-1　布鲁氏菌试管凝集反应加样程序

管　号最终血清稀释度	1 号1∶25	2 号1∶50	3 号1∶100	4 号1∶200	5 号抗原	6 号对照血清（+）1∶25	7 号血清（-）1∶25
0.5％石炭酸生理盐水/mL	2.30.2	0.50.5	0.50.5	0.50.5	0.5—	—0.5	—0.5
被检血清/mL	弃去 1.5		弃去 0.5				
抗原（1∶20）/mL	0.5	0.5	0.5	0.5	0.5	0.5	0.5

（3）反应强度记录标准：判定结果时用"＋"表示反应强度。确定血清凝集价（滴度）时，应以出现"＋＋"以上凝集现象的最高血清稀释度为准。

＋＋＋＋：液体完全透明，菌体完全凝集呈伞状沉于管底，振荡时，沉淀物呈片、块或颗粒状（100％菌体被凝集）。

＋＋＋：液体基本透明（轻微混浊），75％菌体被凝集，沉于管底，振荡时情况如上。

＋＋：液体不甚透明，管底有明显的凝集沉淀，振荡时有块状或小片絮状物（50％菌体被凝集）。

＋：液体透明度不显或不透明，有不甚显著的沉淀或仅有沉淀的痕迹（25％菌体被凝集）。

－：液体不透明，管底无凝集。有时管底中央有小圆点状淀，但振荡后立即散开呈均匀混浊。

（4）结果判定标准：大动物（如牛、马和骆驼等）的血清凝集价 1：100 或以上，而小动物（如绵羊、山羊、犬和猪等）的血清凝集价 1：50 或以上，判定为阳性反应；大动物的血清凝集价 1：50，小动物的血清凝集价 1：25 时判为可疑。

2. 乳汁环状实验　本法主要用于乳牛和乳山羊，其特点是操作简便，易于现场操作，不须采取动物血液，准确性较高。但要求被检乳汁必须为新鲜的全脂乳（采集的乳汁夏季应当天内检查，如 2 ℃下保存时，7 d 仍可使用）。凡腐败、酸败和冻结的乳汁，脱脂乳和煮沸过的乳汁，患乳房炎及其他乳房疾病的乳汁和初乳均不适于本实验。

（1）操作方法：

采乳：挤乳时，最好将初挤的前几股乳汁弃去，再将所挤的乳汁混于大试管中。

方法：将被检乳、对照用已知阳性乳和阴性乳分别振荡后，各取 1 mL 分别放于反应管中，然后每管均加乳汁环状反应抗原（蓝色或红色）50 μL，充分混合后，置 37 ℃水浴 1 h，小心取出试管，勿振荡，立即判定。

（2）判定标准：判定时不论哪种抗原，均按乳脂的颜色和乳柱的颜色进行判定。

阳性反应（＋）：乳汁中的染色抗原被凝集上浮于乳脂层，形成明显的红色或蓝色环，乳脂层下面的乳柱变为无色或淡红或淡蓝色。

疑似反应（±）：仅形成较薄的环，乳柱仍呈红色或蓝色。

阴性反应（－）：乳汁中的染色抗原不凝集，乳柱呈均匀混浊的红色或蓝色，乳脂层呈白色或淡褐色。

【思考题】

1. 试述布鲁氏菌的形态、染色特征及培养特征。
2. 试述布鲁氏菌病常用血清学诊断方法、实验原理及判定方法。

实验15

巴氏杆菌的微生物学检查

【目的和要求】

1. 掌握巴氏杆菌两极染色的形态特征。
2. 掌握巴氏杆菌病的微生物学诊断方法。

【概述】

多杀性巴氏杆菌是属巴氏杆菌科、巴氏杆菌属的主要成员。本菌是引起多种畜禽巴氏杆菌病的病原体，在临床上主要表现为出血性败血症、传染性肺炎或局部慢性感染。本菌以其荚膜抗原和菌体抗原区分血清型，不同的血清型在致病性上有差异。在病料涂片染色具有两极着色染色特性，在培养特性和动物致病性等具有特征性是本菌诊断要点。

【实验材料】

1. 菌种 多杀性巴氏杆菌。

2. 培养基 血液琼脂平板、血清琼脂和血清肉汤培养基、麦康凯琼脂平板等。

3. 试剂 瑞氏染色液、美蓝染色液、革兰氏染色液等。

4. 仪器 显微镜、恒温培养箱、染色用器材、小鼠剖检用器材等。

5. 实验动物 小鼠、鸽子等。

【实验内容】

（一）形态及染色特性

取多杀性巴氏杆菌固体或液体培养物，涂片、革兰氏染色；或组织病料（心血、肝、脾脏等）涂片、瑞氏（或美蓝）染色，镜检，观察细菌形态和染色特性，并比较两者的形态特征。

瑞氏染色常用两种方法：

方法 1：取被检实验材料抹片、自然干燥后，按抹片点大小盖上一块略大的清洁滤纸片，在其上轻轻滴加染色液，至略浸过滤纸，并视情况补滴，维持不使变干，染色 3～5min，直接以水冲洗，吸干或烘干，镜检。此法的染色液经滤纸滤过，可大大避免沉渣附着抹片上而影响镜检观察。

方法 2：被检材料抹片、自然干燥后，滴加瑞氏染色液于其上，为了避免很快变干，染色液可稍多加些，或看情况补充滴加，经 1～3min，再加约与染液等量的中性蒸馏水或缓冲液，轻轻晃动玻片，使之与染液混合，经 5min 左右，直接用水冲洗（不可先将染液倾去），吸干或烘干，镜检。

多杀性巴氏杆菌为革兰氏阴性小杆菌，在组织病料瑞氏（或美蓝）染色，呈典型的两极着色。

原理：瑞氏染料是由酸性染料伊红和碱性染料美蓝组成的复合染料，当溶于甲醇后即发生分离，分解成酸性和碱性两种染料。由于细菌带负电荷，与带正电荷的碱性染料结合而成蓝色。组织细胞的细胞和含有大量的核糖核酸镁盐，也与碱性染料结合成蓝色。而背景和细胞浆一般为中性，易与酸性染料结合染成红色。

（二）培养特性

将被检菌或组织病料接种于血液琼脂平板、血清琼脂和血清肉汤培养基等，置 37 ℃恒温箱，培养 24 h，观察生长表现。

多杀性巴氏杆菌为需氧或兼性厌氧菌，对营养要求较严格（含有血液、血清或微量血红素培养基中生长良好），该菌分离培养常采用血液琼脂平板、血清琼脂和血清肉汤培养基等。在麦康凯琼脂平板上不生长。在血液琼脂培养基上，37 ℃ 培养 24 h，呈浅灰色、圆形、湿润、露珠样小菌落，无溶血现象。在血清琼脂培养基上，37 ℃ 培养 24 h 后，于 45°折光下观察生长的菌落，可见有不同的荧光颜色，产生蓝绿色荧光的称蓝绿色荧光型（Fg 型），产生橘红色荧光的称橘红色荧光型（Fo 型）。Fg 型菌对猪等毒力强，Fo 型菌对禽类毒力强。

（三）动物实验

常用实验动物为小鼠、家兔、鸽子（禽源菌株）等。接种材料可选用被检病料悬液（用无菌生理盐水制成 1：5～1：10 悬液）或纯培养物。接种途径为皮下、肌内或腹腔注射均可。接种量为小鼠皮下 0.2mL，家兔皮下 0.5mL，鸽子胸肌内 0.5mL 。接种后动物多在 24～48h 内死亡。观察临床症状、死亡动物剖检观察病理变化、取病料（心血、肝、脾等）涂片进行瑞氏和革兰氏染色，镜下观察菌体形态及染色特征，并接种于血清和血液琼脂培养基观察生长情况和菌落特征。在慢性病例或腐败材料不易发现典型菌体，必须进行培养和动物实验。

【思考题】

1. 巴氏杆菌在纯培养和病料组织中的形态及染色特征有何差别？采用何种染色方法？
2. 巴氏杆菌的实验室诊断主要检测哪些内容？

实验16

猪丹毒丝菌的微生物学检查

【目的和要求】

1. 观察猪丹毒丝菌的形态与培养特性。
2. 掌握猪丹毒丝菌的微生物学诊断方法。

【概述】

猪丹毒丝菌是猪丹毒病的病原菌，主要引起猪的败血症、皮肤血疹、关节炎或心内膜炎，也可感染人及其他动物，人可经外伤感染发生"类丹毒"。本菌广泛分布于自然界，在猪、羊、鸟类和鱼类的体表及黏膜上常有此菌寄生。

目前共有 25 个血清型和 1a、1b 及 2a、2b 亚型。大多数猪源菌株为 1 型或 2 型，从急性败血症分离的菌株多为 1a 型，从亚急性及慢性病病例分离的则多为 2 型。本菌的微生物学诊断主要依据是细菌形态及染色特性、培养特征、生化特性、动物实验及血清学诊断等。

【实验材料】

1. **菌种**　猪丹毒丝菌。
2. **培养基**　血液琼脂平板、血清琼脂和血清肉汤培养基、明胶培养基等。
3. **试剂**　革兰氏染色液、糖发酵管、H_2S 实验试剂等。
4. **仪器**　显微镜、恒温培养箱、染色用器材、小鼠剖检用器材等。
5. **实验动物**　小鼠、鸽子、豚鼠。

【实验内容】

（一）形态及染色特性

病料采集：急性败血型病例采集肝、脾、肾、心血及淋巴结等；慢性型和亚急性疹块型可采集皮肤疹块、肿胀关节和心内膜上的疣状物等。

染色：被检病料或细菌培养物，直接涂片，经革兰氏染色，镜检观察细菌形态及染色特征。猪丹毒丝菌是革兰氏阳性菌，菌体呈直或稍弯曲的细长小杆菌，单个或可排成短链状排列。从心内膜疣状物病料涂片，常见弯曲的长丝状菌体。在老龄培养物中菌体着色能力较差，常呈革兰氏阴性。

（二）培养特性

本菌为兼性厌氧菌，被检新鲜病料接种于血液琼脂平板或血清琼脂培养基，37 ℃培养 24～48h，观察生长特性。菌落形成有光滑型和粗糙型两种。菌落直径 0.5～1mm，光滑、湿润、透明、凸起、边缘整齐；大菌落扁平、不透明、粗糙（表面呈颗粒状）、边缘不整齐。孵育 48h 后，血液琼脂平板上菌落周围绿色，α 溶血或不溶血。在明胶高层培养基中穿刺接种，22℃培养 3～4d，沿穿刺线横向四周生长呈"试管刷状"，但不液化明胶。

猪丹毒丝菌分离培养时为提高细菌分离率，培养基中可加入 1/100 万结晶紫、1/5 万叠氮钠、新霉素（400μg/mL）、万古霉素（70μg/mL）等抑制某些杂菌的生长。

（三）生化特性

细菌纯培养物进行糖发酵实验、H_2S 实验、吲哚实验、MR 实验、V－P 实验及接触酶实验等，观察生化反应特性。猪丹毒丝菌不发酵木糖、甘露醇和蔗糖；H_2S 实验阳性；吲哚实验、MR 实验、V－P 实验及接触酶实验均呈阴性。

（四）动物实验

常用实验动物为鸽子（最敏感）、小鼠等。接种材料可选用被检病料悬液（用无菌生理盐水制成 1∶10 悬液）或纯培养物。接种途径为鸽子胸肌，小鼠为皮下。接种量为鸽子胸肌内 0.5～1mL，小鼠皮下 0.2mL。接种后动物多在

3～4d 内死亡。观察临床症状、死亡动物剖检观察病理变化、取病料（心血、肝、脾等）涂片革兰氏染色，镜下观察菌体形态及染色特征，并接种于血清和血液琼脂培养基，观察生长情况和菌落特征。

（五）血清学检查

猪丹毒丝菌的血清学检查，主要采用凝集反应，可分为平板凝集反应和试管凝集反应两种方法。用已知的猪丹毒丝菌凝集抗原，检测被检动物血清中猪丹毒丝菌的抗体，进行本病的诊断。

（1）平板凝集反应：取一个清洁玻璃板，在玻璃板上分别滴被检血清 0.08、0.04、0.02、0.01mL，再往每滴被检血清中滴加猪丹毒丝菌平板凝集抗原 0.05mL，用牙签搅匀，成直径约 1.5cm 的圆圈，于室温（20～25℃）下经 2～4min 观察结果。阳性反应时，细菌明显凝集成团块；阴性反应时，细菌仍保持均匀，不凝集。0.04mL 以下血清凝集者，判为阳性反应。

（2）试管凝集反应：将被检血清用生理盐水作 1∶25、1∶50、1∶100、1∶200稀释，分别往各管滴加 0.5mL，再加猪丹毒丝菌试管凝集抗原 0.05mL，摇匀，置 37℃水浴箱内 4h 或 37℃恒温箱中过夜，取出观察结果。阳性反应于管底有颗粒状凝集的团块，液体清朗透明；阴性反应管底无凝集的沉淀物或有少量沉淀物，液体均等混浊。1∶50 以上稀释的血清凝集时，判为阳性。

【思考题】

1. 简述猪丹毒丝菌的形态与培养特性。
2. 简述猪丹毒丝菌的实验室诊断方法。

实验17

结核分枝杆菌和副结核分枝杆菌的微生物学检查

【目的和要求】

1. 了解结核分枝杆菌和副结核分枝杆菌的形态及染色特征，熟练掌握抗酸染色法。

2. 了解结核分枝杆菌和副结核分枝杆菌的病料采集及处理方法，熟悉微生物学诊断方法。

【概述】

结核分枝杆菌又称结核杆菌，是引起人、畜、禽结核病的病原体。依其生物学特性可分三型：人、牛、禽结核分枝杆菌，主要通过呼吸道和消化道感染。副结核杆菌是引致反刍动物慢性消耗性疾病的病原。两种细菌其细胞壁的特殊组成影响染色特性，借此用于细菌鉴别（如抗酸染色）。细菌生长营养要求较高，生长缓慢，具有抗酸特性。两种菌根据生物学特性，在实验室诊断中主要依据形态及染色特征、动物实验、变态反应诊断、免疫学检测及分子生物学检查等。

【实验材料】

1. 菌种　结核分枝杆菌、副结核分枝杆菌。

2. 培养基　改良罗氏培养基、丙酮酸培养基、马铃薯肉汤培养基、改良小川氏培养基等。

3. 试剂　抗酸染色试剂、结合菌素等。

4. 仪器　显微镜、恒温培养箱、染色用器材等。

【实验内容】

一、结核分枝杆菌

（一）形态及染色特性

挑取病料（结核结节干酪样、脓样标本、痰液、病变与非病变交界处组织等）和细菌纯培养物，涂片，经抗酸染色，镜下观察菌体形态和染色特征。

抗酸染色方法步骤如下：

（1）涂片：被检材料直接涂片。

（2）干燥、固定：自然干燥，火焰固定或甲醇固定。

（3）染色：滴加石炭酸复红液，以酒精灯火焰微微加热至发生蒸汽为度（不要煮沸），维持微微发生蒸汽，经 3～5min。

（4）水洗：用细流水冲洗，至冲下的水没有颜色为止。

（5）脱色：用 3％盐酸酒精脱色 0.5～1min。

（6）水洗：同步骤（4）。

（7）复染：用碱性美蓝复染 1～2min。

（8）水洗、干燥。

结核分枝杆菌属抗酸性细菌，细胞壁不仅有肽聚糖，还有特殊的糖脂，含量较高，因为它具有致密的蜡脂性膜，染料不易透过，使一般染料不易着色，菌体一旦被染料着色又不易脱色。借此采用特殊的抗酸染色法鉴别本菌。经抗酸染色观察结核杆菌呈红色，其他非抗酸性细菌呈蓝色。结核分枝杆菌菌体细长，直或微弯曲的杆菌。牛分枝杆菌菌体较短而粗，禽分枝杆菌菌体呈多形性。菌体呈单个散在排列，少数成对、成丛。在陈旧的培养基或干酪性病灶内的菌体可见分枝现象。

（二）培养特性

为提高结核分枝杆菌的分离率，利用本菌的耐酸和耐碱的特性，将病料处理后，进行分离培养。方法有酸处理法和碱处理法。

酸处理法：病料标本（剪碎，研磨），加 2～3 倍 6％硫酸溶液，置室温处理 30min（其间振荡 1～3 次），用纱布过滤，取滤液离心（3 000r/min，20min），取沉淀涂片、镜检、培养及进行动物实验等。

碱处理法：病料标本（剪碎，研磨），加 2～3 倍 6％ NaOH 溶液，置 37℃，处理 30min（其间振荡 1～3 次），加少量酚红液，用 2mol/L 盐酸中和，用纱布过滤，取滤液离心（3 000r/min，20min），取沉淀供实验用。

分离培养法：上述处理材料接种于改良罗氏培养基、丙酮酸培养基等适合结核杆菌生长的培养基（采用琼脂斜面培养基），置 37℃恒温箱培养，每周观察一次。一般 3～4 周可见菌落生长，菌落呈颗粒、结节或菜花状，乳白色、浅黄色、橙色、橙红色，不透明。液体培养基中形成浮于液面有皱褶的菌膜。结核分枝杆菌生长缓慢，专性需氧菌，一般不采用细菌诊断，但有特殊需要时可以进行分离培养。培养时要注意防止培养基干燥。

（三）动物实验

将病料制成 1∶5 乳剂，取 0.5～1.0mL 接种于实验动物。人和牛病料接种于豚鼠皮下（腹股沟）或腹腔内，每天观察一次，一般 1～2 周内出现临床症状，如食欲减退、腹股沟淋巴结肿大、溃疡等。禽病料接种于鸡翼部皮下，观察症状。出现明显临床症状的实验动物，剖检观察病理变化，取病料涂片、染色、镜检等。

（四）其他检测方法

变态反应：临床上采用迟发性变态反应实验，即结核菌素实验，采用结核菌素纯蛋白衍生物（PPD）皮内注射法，如牛颈部皮内注射，0.1mL（10 万 IU/mL）72h 后局部炎症反应明显，皮肿胀厚度差≥4mm，为阳性；局部炎症不明显，皮肤肿胀厚度差在 2～4mm，为疑似；如无炎症反应，皮肤肿胀厚度差在 2mm 以下，为阴性。

免疫学检测：检测结核分枝杆菌特异性抗体可诊断结核病，常用酶联免疫吸附实验（ELISA）。用免疫荧光抗体染色法检测标本和培养物中结核分枝杆菌菌体。此外，PCR 技术、核酸探针杂交技术、RNA 扩增技术及基因芯片技术等分子生物学诊断方法应用于结核分枝杆菌的诊断。

二、副结核分枝杆菌

（一）形态及染色特性

将细菌纯培养物或病料（被检牛直肠刮取物、粪便黏液、肠淋巴结等），直接涂片、抗酸染色镜检。副结核分枝杆菌呈红色，短杆状、成丛排列。非抗酸性杂菌呈蓝色。

因副结核分枝杆菌往往呈周期性排出，菌排出量少，所以在必要时，应经不同间隔反复进行几次粪便检菌，以提高检出率。一般粪便材料事先应进行集菌处理。集菌方法有沉淀集菌法和浮集法两种。

（1）沉淀集菌法：取粪样（尽可能选附有黏液和血丝的粪便）15～20g，加 3 倍量 0.5％ NaOH 溶液，搅拌均匀，在 55℃水浴中乳化 30min，用 4 层纱布过滤。取滤液离心 5min（1 000r/min），取上层液（去沉淀）。再离心 30～40min

（3 000r/min），弃上清液，取沉淀物作涂片标本，进行抗酸染色后镜检。

（2）浮集法：先按沉淀集菌法将病料孵化，过滤后的滤液倒入 250mL 三角烧瓶中，加入蒸馏水（或冷开水）100mL 和汽油（或二甲苯）3mL，充分振荡 5min。补加冷开水至细颈烧瓶的瓶颈部，在 30℃左右静置 20～30min。在瓶颈两液交界处形成白环后，用毛细管小心吸取白环处乳剂滴 3～4 滴于载玻片上（使载玻片加温速干后，反复滴 2～3 次乳剂，可提高检出率）制成涂片。干燥、固定后，进行抗酸染色。

（二）培养特性

本菌初代培养较难。在培养基中须加入杀死的结核杆菌、结核菌素或草分枝杆菌浸液，以利于副结核杆菌的生长。培养时，将病料（肠段或淋巴结）先用 10％硫酸处理 30min 后，直接接种于副结核培养基上（马铃薯肉汤培养基、改良小川氏培养基等）。初代分离培养，一般 37℃培养 5～6 周，可长出灰白色、隆起、不透明、圆形的小菌落。

【思考题】

1. 简述结核杆菌和副结核杆菌的形态与培养特性。
2. 简述抗酸染色的原理和方法。

实验18

病 毒 的 培 养

【目的和要求】

1. 了解和掌握病毒培养的方法及基本操作程序。
2. 掌握病毒的鸡胚和细胞接种、收集病毒的方法及基本操作过程。

【概述】

病毒是严格细胞内寄生的微生物，病毒结构简单缺乏生命代谢所需的酶系统，完全依赖宿主细胞的能量和代谢系统，获取生命活动所需的物质和能量，所以病毒只有在活细胞内进行繁殖。病毒培养通常采用动物接种法、细胞接种法、鸡胚接种法等。病毒种类繁多，不同病毒适合生长繁殖的宿主（或细胞）有差异，故选择适合的宿主（或细胞）是病毒培养的重要因素。如来自禽类的病毒，可采用鸡胚接种培养法。病毒在动物、细胞和鸡胚培养中的增殖情况，可通过观察细胞病变或其他方法检测及鉴定。病毒培养技术常用于病毒分离、培养、生物学特性鉴定、疫苗制备和药物筛选等工作。通过本实验重点介绍病毒鸡胚接种培养法，简介其他接种培养方法，了解和掌握病毒培养技术。

【实验材料】

1. 病毒材料 鸡新城疫病毒毒株，或疑似鸡新城疫鸡组织病料处理材料（如组织病料经研磨、稀释、离心后取上清液或过滤除菌液）。加入抗生素（如青霉素和链霉素）抑制杂菌。

2. 鸡胚 6～8 日龄鸡胚和 10～11 日龄鸡胚。

3. 试剂 75％酒精、3％碘酊、抗生素、石蜡、灭菌生理盐水、细胞培养液、胰蛋白酶等。

4. 仪器 照蛋器、注射器、恒温培养箱、细菌过滤器、眼科剪子和镊子、钻孔钢锥、平皿、显微镜、超净工作台、细胞培养瓶等。

【实验内容】

（一）病毒鸡胚接种培养方法

1. 鸡胚的选择和孵育 应选取健康无病鸡群或 SPF 鸡群的新鲜受精卵，置 38～39℃孵卵器内孵化，相对湿度为 40％～70％，每日翻蛋最少 3 次。自第 4 天起，每日观察，淘汰未受精卵和死胚。正常发育的鸡胚可见清晰的血管小团，其中有鸡胚暗影，较大的鸡胚可见胚动；未受精卵无血管和鸡胚迹象，仅见模糊的卵黄黑影，死亡鸡胚活动呆滞或不能主动运动，血管昏暗或断折沉落。病毒在鸡胚接种部位不同，要求鸡胚日龄也不同（如卵黄囊接种选 6～8 日龄鸡胚、绒毛尿囊腔或膜接种选 10～11 日龄鸡胚、羊水腔接种选 12～14 日龄鸡胚等）。根据需要选择适宜日龄的鸡胚。9～10 日龄鸡胚结构示意见图 18-1。

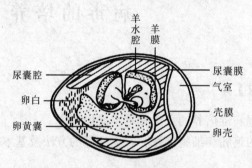

图 18-1 9～10 日龄鸡胚结构示意

2. 照蛋和消毒 在暗室用照蛋器观察鸡胚，用铅笔标记气室、胚胎位置、接种部位等。在接种室内将接种部位先后用碘酊和 75％酒精棉球消毒蛋壳表面。

3. 鸡胚接种途径和方法

（1）绒毛尿囊腔接种法：

流程：照蛋→标记→消毒→钻孔→接种→封口

具体操作步骤：取 10～11 日龄鸡胚，经照蛋标记气室、胚胎位置及接种部位（气室接近胚胎处）等。鸡胚置卵盘固定架上（气室向上），用碘酒和酒精棉球消毒接种部位卵壳表面。用无菌钢锥钻一个小孔，恰好使蛋壳打通而又不伤及壳膜。用 1 mL 注射器抽取病毒材料，自小孔刺入对准鸡胚对侧，深度为 2~3 cm，注入 0.1~0.2 mL 病毒液，拔出针头。用石蜡封闭小孔（图18-2）。置 35~37℃温箱中直立孵育，每日检卵 1 次，翻蛋 2 次。

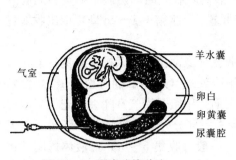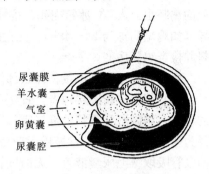

图 18-2　尿囊腔接种法　　　　　　图 18-3　绒毛尿囊膜接种法

（2）绒毛尿囊膜接种法：选 10~12 日龄鸡胚照视后，划出气室、大血管处及胚胎位置，确定绒毛尿囊膜发育面。用碘酒和酒精消毒，在无血管处用磨牙机或锉刀开一个三角形（每边约 1.2 cm）裂痕（勿伤及壳膜），并在气室中心锥一小孔。用针头去除三角区卵壳，但不要伤及壳膜，造成卵窗，横卧于卵盘上。在卵窗壳膜上滴无菌生理盐水一滴，以针尖循卵壳膜纤维方向划破一隙，不可伤及下面绒毛尿囊膜。以橡皮吸球从气室小孔吸气，如盐水小滴自裂隙沿绒毛尿囊膜及壳膜渗入，则促使人工气室的形成。除去裂隙附近的壳膜，以注射器或吸管滴入病毒接种物 0.05mL，使其散布于绒毛尿囊膜表面（图18-3）。取玻璃纸或盖玻片覆盖于卵窗上，用石蜡封闭卵窗四周和气室小孔。横卧于温箱内培养。

（3）卵黄囊接种法：取 6~8 日龄鸡胚照视后，标记气室和胚胎位置。垂直放于固定架上，气室顶端用碘酒和酒精消毒，无菌钢锥钻一个小孔。用 1 mL 注射器抽取病毒材料，自小孔刺入对准胚胎对侧，深度为 2~3 cm，注入 0.2~0.5 mL 病毒液，注射后，用石蜡封口（图18-4），置孵育箱中直立孵育。

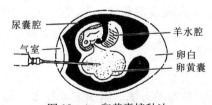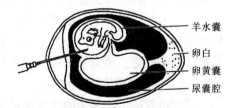

图 18-4　卵黄囊接种法　　　　　　图 18-5　羊膜腔接种法

（4）羊膜腔内接种：取 10~12 日龄鸡胚照视后，标记气室及胚胎位置。垂直放于固定架上，气室端用碘酒和酒精消毒，在气室处去蛋壳开方形窗，无菌镊子剥开卵壳膜，一手用平头镊子夹住羊膜腔并向上提，另一手注射 0.1~0.2 mL 病毒材料于腔内，将羊膜轻轻送回原位（图18-5）。用玻璃纸或胶带封口，置孵育箱中直立孵育。

4. 接种后检查及收集病毒

接种后检查：病毒接种到鸡胚后，放回孵化箱或温箱继续培养，每日检卵和翻蛋两次。接种后 24h 内死亡鸡胚应弃去（由于接种时鸡胚受损或其他原因导致死亡），24h 以后发现鸡胚死亡立即放入冰箱冷藏，于一定时间内不能致死的鸡胚也放入 4℃冰箱冻死。接种病毒后鸡胚收获时间随病毒种类不同有差异（如鸡瘟病毒为 24～48h）。死亡的鸡胚置 4℃冰箱中 1～2h 即可取出收取材料并检查鸡胚病变。

病毒收集：原则上接种什么部位，收获什么部位，无菌操作避免污染。

（1）绒毛尿囊腔接种者：置 4℃冰箱冷处理（避免解剖时血液流出过多）的鸡胚，用碘酒和酒精消毒气室部卵壳表面，用镊子沿气室除去卵壳（开口直径为整个气室区大小），另用无菌镊子撕去一部分壳膜，轻轻按住胚胎，以无菌吸管吸取绒毛尿囊液置于无菌试管中，一般可收集 5～8mL，液体透明，将收获的材料低温保存。必要时收获材料中加抗生素防止杂菌污染。

消毒及处理：用过的镊子、注射器、容器等先经消毒或灭菌处理（如煮沸消毒、消毒剂消毒、高压蒸汽灭菌等）后再清洗。卵壳及卵内容物经高压蒸汽灭菌后再处理。接种室内用紫外线消毒 30min。

（2）绒毛尿囊膜接种者：将收获的鸡胚卵窗周围用碘酒和酒精消毒，用无菌镊子扩大卵窗，除去卵壳及壳膜，勿使落入绒毛尿囊膜上。换一个无菌镊子夹起绒毛尿囊膜，用无菌眼科剪子沿卵窗周围将接种的绒毛尿囊膜全部剪下，放入无菌平皿中，观察病变。病变发育明显的膜，可放入灭菌小瓶保存。消毒剂处理与绒毛尿囊腔接种相同。

（3）卵黄囊接种者：将收获鸡胚的气室部用碘酒和酒精消毒，直立于卵固定架上，用无菌镊子沿气室除去卵壳。换一个无菌镊子撕破壳膜，撕断卵黄带，将卵内容物倾入平皿中，用无菌镊子将卵黄囊及绒毛尿囊膜分开，用无菌盐水冲洗卵黄囊，装入无菌小瓶中保存。必要时取部分卵黄液进行无菌实验。消毒剂处理与绒毛尿囊腔接种相同。

（4）羊膜腔内接种者：通常培养 3～5d 后即可收获。卵窗周围首先经碘酒及酒精消毒，再用无菌镊子扩大窗孔至绒毛尿囊膜下陷的边缘，除去卵壳，剪去壳膜及绒毛尿囊膜，倾去尿囊液至平皿中（或吸取尿囊液）。夹起羊膜，用尖头毛细吸管穿入羊膜，吸取羊水，装入无菌小瓶中（可收获 0.5～1.0 mL），并观察鸡胚变化。消毒剂处理与绒毛尿囊腔接种相同。

（二）病毒的组织培养法

组织培养法是用离体的组织或细胞来培养病毒的方法。组织来源较多，如动物组织（鸡胚、猴肾、兔睾丸等）、人胚羊膜组织或人胚组织等。组织培养法包括器官培养、组织块培养和细胞培养等方式。通过机械解离或消化等方法将组织或细胞从机体取出，给予必要的生长条件，模拟体内生长环境，在体外能继续生长与增殖，为病毒的培养提供活细胞，可以替代动物体。较动物培养实验方便、迅速、不受动物机体防御因素的影响、便于管理。尤其细胞培养是最常用的方法。细胞培养可分原（初）代细胞培养和传代细胞培养两种。原代细胞是指从供体获得组织细胞后在体外进行的首次培养。常将离体细胞前几代的培养物均作为原代细胞。具有接近和反映体内生长的特征。传代细胞即肿瘤细胞或正常组织细胞，经连续传代，发生突变，其染色体发生改变，变为异倍体的变异细胞。具有很高的繁殖能力，在体外可无限传代而不凋亡。将鸡胚原代细胞培养为例简要介绍一般程序。

鸡胚原代细胞培养基本操作程序如下：

（1）试剂准备：Hanks 液、细胞培养液、细胞维持液、胰蛋白酶液、抗生素溶液等。

（2）鸡胚的处理：取 9～10 日龄鸡胚，以无菌操作法取出胚胎于灭菌平皿中。剪去头部、翅爪及内脏，用 Hanks 液洗涤。用灭菌剪刀剪碎鸡胚（大小约 1mm³），用 Hanks 液洗涤组织块。

（3）消化：上述处理的组织块，用胰蛋白酶液（按组织块量 3～5 倍剂量）消化组织，使细胞与细胞之间的氨基和羧基游离，用 Hanks 液洗涤组织块，去除胰酶。加入细胞培养液用吸管反复吹吸，使细胞分散制成细胞悬浮液。

（4）细胞计数、分装及培养：获得的细胞悬液，以细胞计数板计细胞数，用细胞培养液将细胞悬液稀释至每毫升含 50 万～70 万个细胞。分装于细胞培养瓶（板），置 37℃、5％ CO_2 培养箱静置培养，每日用显微镜观察一次，换细胞培养液，培养至细胞贴壁长满单层。

（5）接种病毒：取已长成单层的细胞瓶（板），吸去培养液，用 Hanks 液洗涤细胞层一次，加入稀释的病毒液，平放细胞瓶使病毒液与细胞单层充分接触，感染病毒。加入细胞维持液后，静置 37℃、5％ CO_2 培养箱中继续培养，每日观察生长情况。

（6）病毒培养观察及鉴定：病毒感染的细胞培养可以表现出细胞病变（CPE），如细胞圆缩、细胞聚合、细胞融合、出现空泡、空斑、细胞脱落等现象，便于观察病毒感染情况。有些病毒不表现 CPE，较难观察。病毒鉴定常见的方法有以下几种，如病毒血凝及血凝抑制实验、病毒中和实验、补体结合实验、免疫标记技术（免疫荧光法、免疫酶法、同位素标记法等）、基因检测法等。

【思考题】

1. 病毒培养与细菌培养的主要区别是什么？
2. 病毒培养的方法有哪些？有何区别和特点？

动 物 实 验 技 术

【目的和要求】

1. 熟悉和掌握常用实验动物的保定、接种、剖检、收集病料及尸体处理方法。

2. 了解动物实验在微生物实验技术中的应用。

【概述】

动物实验技术是在微生物学诊断及研究工作中起重要作用的实验方法和手段，其主要用途包括：病原体的分离与鉴定、确定病原体的致病力、病原微生物的毒力增强和减弱、生物制品制造及鉴定等。常用的实验动物有小鼠、大鼠、豚鼠、家兔及鸡等。动物实验技术内容有实验动物保定、动物接种、动物感染后观察、动物采血、动物剖检及实验后动物处理等。

【实验材料】

1. 实验动物　小鼠、大鼠、豚鼠、家兔和鸡等。

2. 试剂和器材　碘酒、75％乙醇、肝素抗凝剂、注射器、剪刀和镊子等解剖器械、动物保定器、平皿、试管等。

【实验内容】

（一）实验动物的保定法

1. 小鼠保定法

方法1：先用右手抓住尾巴提起置于粗糙物面上（如鼠笼等），向后轻拉尾部使小鼠两后肢提起，两前肢着面，再用左手拇指和食指抓紧小鼠耳侧和颈部皮肤，并翻转左手，使小鼠腹部朝上，并将小鼠背部皮肤固定于左手中指、无名指及拇指基部之间，以小指压住其尾根，小鼠仰卧固定于左手上（图19-1）。此法适用于小鼠灌胃、腹腔、皮下、肌肉接种等实验操作。

方法2：用小鼠尾静脉注射架保定，手提小鼠，让其头部对准鼠洞口并送入洞内，调节鼠洞长短适合后，露出尾巴，固定洞盖即可。此法适用于小鼠解剖、心脏采血和尾静脉接种等实验操作。

方法3：使小鼠仰卧，用大头针将小鼠四肢固定于解剖台（必要时先行麻醉）。此法适用于小鼠尾静脉接种和采血等实验操作。

抓取小鼠　　　　　　　　　小鼠仰卧固定

图19-1　小鼠保定方法

2. 豚鼠保定法　由助手用左手拇指按住豚鼠右前肢，用食指和中指按住左前肢，之后用右手紧握其腹部和两后肢，使其腹部朝上，术者即可进行操作（图19-2）。

豚鼠抓取　　　　　　　　　豚鼠固定

图 19-2　豚鼠保定方法

3. 家兔保定法　家兔抓取方法以右手抓住兔颈部的毛皮提起，然后左手托其臀部或腹部，使其体重重量的大部分集中在左手上，这样避免抓取时动物受损伤。

方法1：较小的家兔保定，可采用豚鼠的保定法。

方法2：采用仰卧式保定器保定（图 19-3）。四肢和头部固定在保定台上。此法适用于心脏采血、耳静脉接种等。

方法3：采用筒式金属固定器保定（图 19-3），充分露出家兔耳朵和背部，此法适用于耳静脉采血，皮内、皮下及耳静脉接种等。

仰卧式保定器保定　　　　　　　筒式金属固定器保定

图 19-3　家兔保定方法

（二）实验动物的接种（或感染）法

实验动物在接种前需作剪毛，消毒；接种完毕，需在动物上作好标记，填写实验动物记录卡，包括动物名称、编号、注射材料、部位、剂量、日期等。

1. 皮内接种法

部位：以动物背部两侧皮肤为宜。

方法：局部皮肤去毛消毒后，用左手将局部皮肤绷紧，用 1mL 注射器（最小号针头）使针头尖端斜面朝上，平刺入皮肤内，针头插入不宜过深，缓慢注入 0.1～0.2mL 接种材料。注射完后退出针头，用酒精棉球轻压片刻。如注入时感到有阻力且注射完毕后皮肤上有硬泡表示已注入皮下。

2. 皮下接种法

部位：多选择动物的腹股沟、背部、腹壁中线处等。

方法：将动物局部皮肤去毛消毒，用左手拇指和食指将局部皮肤提起，将注射器斜刺入皮下，然后左手放松，缓慢注入接种材料 0.5～1.0mL，如注射部位出现片状隆起表示已注入皮下。退出针头，用酒精棉球将注射部位轻压片刻。

3. 肌肉接种法

部位：一般选择动物后肢内股部，禽类则选择胸部肌肉。

方法：局部去毛消毒，将针头垂直刺入肌肉层内，缓慢注入接种材料0.2～1.0mL（接种量视动物大小而定）。

4. 静脉接种法

（1）小鼠尾静脉接种法：保定小鼠（置鼠笼内），露出尾部，将尾巴浸入温水（45～50 ℃）中 1～2 min 或用手指轻弹尾部，使尾部血管扩张充血。局部消毒尾部皮肤，用 4 号针头从距尾尖 2～3 cm 处沿尾静脉平行刺入，左手要将针头和鼠尾捏住，以防针头脱出，轻轻推入少量液体，如注射时无阻力，并出现一条白线则表示针头进入尾静脉（若出现隆起提示未刺入静脉）。缓慢注入接种物 0.5～1.0mL。注射完毕，用酒精棉球将注射部位轻压片刻。

（2）家兔耳静脉接种法：将家兔伏卧或仰卧保定，选择家兔耳翼外侧静脉，轻弹兔耳使其静脉充血怒张，局部去毛消毒，用左手拇指和食指夹住耳部，以食指垫于耳缘静脉下。将注射器针头斜面朝上，与静脉平行，沿血管向心脏方向刺入，缓慢注入接种材料，如注射无阻力并见血管变白表示已注入血管内（若注射部位出现片状隆起，说明未刺入血管内）。注射完毕，退出针头并用酒精棉轻压片刻。

5. 腹腔接种法

先将动物仰卧保定，消毒腹部皮肤，现将针头刺入皮下，然后变动方向，刺入腹腔内，注射接种材料。如小鼠腹腔注射，用左手将小鼠仰卧保定，消毒腹部皮肤后，接种时，稍抬高后驱，使其内脏倾向前驱，在股后侧面插入针头，先刺入皮肤，后进入腹腔，缓慢注入接种物 0.5～1.0mL。如针头刺入腹腔后，抽吸注射器，无回血或尿液，表示针头未刺入肝和膀胱，注射时应无阻力，皮肤无泡隆起。

6. 脑内接种法

动物脑内接种部位，小鼠在同侧眼内角与耳根的连接线的中央处，或左眼内角与右耳根连接线和右眼内角与左耳根连接线交叉点的左右侧处均可；家兔和豚鼠为右眼内角与左耳根，左眼内角与右耳根连接线的交叉点。术部去毛消毒，家兔须先用钢针钻通颅骨，再将针头刺入脑内；小鼠和豚鼠，将针头直接刺入脑内进行注射。接种量小鼠不超过 0.04mL、家兔0.2mL、豚鼠0.15mL。

注：注入时不宜过快，以免颅内压突然增加。

（三）实验动物的采血法

若采集动物的全血或血细胞，需准备装有玻璃珠的无菌容器，抽出的血液应立即注入无菌采血瓶中，并不断振摇 10～15min，以免血液凝固。注入血液时需将针头取下，沿瓶壁注入，以免发生溶血。若采集动物的血浆，则先在容器中加入抗凝剂。

1. 小鼠和大鼠采血法

少量采血：保定小鼠（大鼠），将尾部消毒，用剪刀断尾少许，使血溢出，用试管收集血液。烧烙止血。

多量采血：可选心脏穿刺或者眼球摘除放血均可。

2. 家兔采血法

（1）心脏采血法：家兔仰卧保定或由助手保定（左侧朝上），在其胸骨剑突上方二横指中线偏左处触摸心跳，找到心脏跳动最明显处，然后剪毛局部消毒。在心脏跳动最明显处进针，如刺入心脏，则针头有明显搏动感。回抽注射器有血液，抽不出血液，表示针头未进入心脏，将针头退至皮下后，调整方向再刺入针头。切勿在心脏附近改变针头方向，以免将心脏划破使家兔死亡。一次可采 20mL 左右（体重 4kg 以上家兔）。此法亦可用于豚鼠心脏采血。

（2）家兔耳静脉采血法：保定家兔，轻弹兔耳使其充血，再用酒精在耳静脉处涂擦，等静脉隆起，用针头将静脉刺破，用小试管收集血液。一般采 1～2mL。

3. 鸡采血方法

（1）鸡翼下静脉采血法：由助手将鸡侧卧保定，暴露翼下静脉。消毒后，左手压迫静脉的近心端，使静脉隆起，右手持注射器刺入静脉采血。因鸡血很容易凝固，若需全血，需用肝素等抗凝剂。

（2）鸡心脏采血法：将鸡右侧卧保定，找到由胸骨到背部下凹处连线的中点；或找到由胸骨到肩胛骨的皮下大静脉的向心端；或在锁骨、胸骨及髋骨三角中心处等，心脏跳动最明显处，垂直进针刺心脏采血。

4. 绵羊颈静脉采血法　将绵羊按倒并侧卧，固定羊头，将颈部毛剪去，用橡皮管扎在颈静脉近心端，可见明显血管隆起，用手触之有弹性。消毒局部皮肤，用无菌粗针头远心端方向扎入，抽取血液。一般成年羊可采血 200～400mL。

（四）实验动物的剖检法

实验动物感染发病死亡后，应迅速进行剖检，否则肠道内的腐败菌可通过肠壁侵入其他脏器，导致尸体腐败，影响检查结果。实验动物剖检必须在无菌操作的条件下进行。其操作步骤如下：

（1）首先将尸体投入消毒液（如 3‰ 来苏尔、5‰ 石炭酸等）浸湿，取出后，按仰卧姿势放置于解剖板上，用钉将其四肢固定（家禽可固定其两翼和两腿）。

（2）擦干尸体表面，将头颈以至胸腹部皮肤清毒（75‰ 酒精，3‰ 碘酒），然后用灭菌剪刀自肛门起沿腹中线直到颈部剪开皮肤，分向两侧剥离，尽量翻向外侧，注意观察皮下及淋巴结（腋窝、颈部、腹股沟等），有无出血、水肿及病变等。必要时用灭菌注射器穿过腹壁及腹膜吸取腹腔渗出液供培养或涂片镜检。

（3）换另一套无菌剪刀剪开腹肌和腹膜（勿剪破肠管和胃），将腹膜向两侧翻转，露出腹腔内脏器官，观察并记录变化（如肝、脾、肾及肠系膜淋巴结等），根据需要，无菌采取部分脏器，放在无菌平皿中，以备培养及涂片镜检。

（4）更换无菌镊剪，沿两侧肋软骨分别向上剪开胸腔，观察心、肺有无病变。并取心血、心脏、肺组织进行培养或涂片镜检。

（5）根据情况，有时还要打开颅腔，摘出脑髓，进行检查。

（6）剖检结束后，应将尸体材料焚烧，或浸入消毒水中过夜，次日取出深埋处理。解剖用的各种器具、隔离衣等须经消毒或灭菌处理，实验台用消毒液消毒处理，以免病原体散播传染。

（五）动物实验的注意事项

（1）根据实验目的、要求选择实验动物，如病原性及毒力等检测时，应选用易感性高的动物。

（2）注意实验动物的管理，室内通风良好，光线充足，避免过冷过热，定期清扫和消毒，定时观察动物活动变化。

（3）注意普通病和传染病的预防和蔓延扩大。

（4）选择动物尽量规格一致，避免个体差异，保证数量。

（5）实验期间应有专人饲养、观察，并按时正确地记录。

【思考题】

1. 动物实验的目的及用途是什么？
2. 感染性动物实验的管理及实验后处理方法是什么？

实验20

药物敏感实验

【目的和要求】

1. 掌握纸片扩散法和液体稀释法两种药敏实验的原理及方法。
2. 了解药敏实验的实际用途和意义。

【概述】

病原菌对抗菌物质的敏感性有差异，通过药敏实验能检测细菌对某种抗菌物质的敏感性。应用于有效治疗药物的筛选、抗生素的研制、有效药物浓度的测定及耐药性的变异等。目前，普遍使用的药敏实验方法有纸片扩散实验（K-BDD）、最低抑菌浓度实验（MIC）、最低杀菌浓度实验（MBC）。纸片扩散实验是将含有定量抗菌药物的滤纸片贴在已接种了测试菌的琼脂表面上，纸片中的药物在琼脂中向四周扩散，从而在纸片的周围形成浓度梯度。纸片周围抑菌浓度范围内的菌株不能生长，而抑菌范围外的菌株则可以生长，从而在纸片的周围形成透明的抑菌圈。抑菌圈的大小可以反映测试菌对药物的敏感程度。此外还有牛津杯法，基本原理同纸片扩散实验。稀释法药敏实验可用于定量测试抗菌药物对某一细菌的体外活性，分为琼脂稀释法和肉汤稀释法。将待测抗菌药物的浓度通常经过倍比（2倍或10倍）稀释，能抑制待测菌肉眼可见生长的最低药物浓度成为最小抑菌浓度（MIC）。

【实验材料】

1. 菌种　大肠杆菌、金黄色葡萄球菌。

2. 药敏试纸　购置的抗菌药物药敏试剂或自制药敏纸片。

3. 培养基　水解酪蛋白（M-H）琼脂或 M-H 液体培养基、普通琼脂或液体培养基。营养要求高的细菌，培养基中加入其他营养成分。培养基 pH 7.2～7.4，琼脂厚度 4mm。

4. 实验器材　镊子、涂菌棒、吸管、细菌培养箱、卡尺、0.5%麦氏比浊管、麦氏比浊仪等。

【实验内容】

（一）药敏纸片扩散实验

1. 药敏纸片制备

（1）滤纸片：选用中性滤纸，用打孔机打成直径为 6.0～6.23mm 的小圆片，装于带棉塞的小瓶或平皿内，121℃灭菌 15min，置 60℃干燥箱内烘干备用。

（2）药液的配制：不同抗菌药物药液配制的方法上有些差异（如溶剂、稀释液、pH 及浓度等），因此，在药液配制时应参考相关标准，配制成规定药物浓度（如 $\mu g/mL$）的药物溶液。

（3）含药纸片的制备：取一定数量制作的滤纸片，摊布于平皿中，以每片饱和吸水量 0.01mL 计，加入制备的药液，不时翻动纸片，使药液均匀吸收，浸泡 30min，即可使用，或经干燥（37℃温箱、真空干燥等）分装，密封后冰冻保存备用。

2. 菌液制备　将大肠杆菌和金黄色葡萄球菌菌株在普通琼脂平板上，经过 37℃（或 35℃），16～18h 的纯培养物，挑取多个菌落，用无菌生理盐水分别制成菌悬液，调整含菌量（如菌液浊度相当于 0.5 号麦氏浊度标准管），菌含量约 $1.5 \times 10^8 \, cfu/mL$，见表 20-1。

表 20-1　麦氏比浊度标准管与细菌近似浓度的关系

管号	0.5	1	2	3	4	5
0.25%BaCl$_2$/mL	0.2	0.4	0.8	1.2	1.6	2.0
1%H$_2$SO$_4$/mL	9.8	9.6	9.2	8.8	8.4	8.0
细菌的近似浓度/（$\times 10^8$/mL）	1.5	3	6	9	12	15

3. 细菌接种　用棉拭子蘸取菌液，在管壁上稍加挤压，除去多余的液体，均匀涂布于琼脂平板培养基上（菌液量约 0.35mL），待菌液稍干燥。

4. 贴药敏纸片和培养　用灭菌眼科镊子将药敏纸片按序贴在琼脂平板上，并轻轻按压药敏纸片，以保证与培养基表面密切接触。贴药敏纸片时与平皿边缘（大于 15mm）、纸片中心之间（大于 24mm）要保持一定距离，以免抑菌圈相互重叠，影响抑菌圈的观察和测定（图 20-1）。贴完药敏纸片后在室温静置 15min，翻转平皿放 37℃恒温箱，培养 18～24h，观察结果。

5. 结果观察与判定 将平皿置于暗背景的明亮处，观察含药纸片周围有无抑菌圈，用卡尺从背面精确测量包括纸片直径在内的抑菌圈直径，用毫米记录，根据实验具体标准，进行结果判定（表 20 - 2），并以敏感、中度敏感和耐药等程度报告。

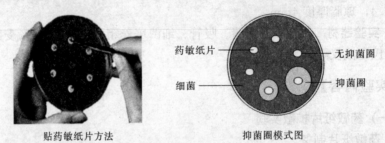

贴药敏纸片方法　　　　　　抑菌圈模式图

图 20 - 1　药敏纸片扩散实验

表 20 - 2　抗菌药物的抑菌环与敏感度标准

抗菌药物	每片含药量/μg	抑菌环的直径/mm		
		耐药	中等敏感	敏感
青霉素 G				
葡萄球菌	10	≤20	21～28	≥29
其他细菌	10	≤11	12～21	≥22
链霉素	10	≤11	12～14	≥15
红霉素	15	≤13	14～17	≥18
庆大霉素	10	≤12	13～14	≥15
卡那霉素	30	≤13	14～17	≥18
万古霉素	30	≤9	10～11	≥12
多黏菌素 B	300	≤8	9～11	≥12
绿林克霉素	2	≤14	15～16	≥17
新霉素	30	≤12	13～16	≥17
苯唑青霉素	1	≤10	11～12	≥13
杆菌肽	10	≤8	9～12	≥13
呋喃妥因	300	≤14	15～16	≥17
磺胺	300	≤12	13～16	≥17

注意事项：

（1）培养基：培养基的成分、pH、厚度等对实验结果都可以造成影响。应采用统一标准的培养基，必要时需用标准菌株作检验。

（2）菌液浓度和数量：菌液浓度大细菌数量多时抑菌圈减少；菌量少时抑菌圈则偏大。因此，应把握好菌液浓度和接种数量，一般菌液配制后应在15min 内用完。

（3）药物含量和贴放：在滤纸片中含有的有效药物含量直接影响抑菌圈的大小。因此，在药敏纸片的制备、保存、使用中，要保持应有的有效药物含量。长期保存置－20℃，临时保存 4℃。使用前提前 1～2h 取出放室温平衡。

（4）其他：如培养温度（35℃为宜），时间（18～24h）过早或晚影响结果；平板的堆放不超过 2 块，防止受热不均；平板细菌接种涂菌要均匀、精确测定抑菌圈大小等。

（二）最低抑菌浓度（MIC）测定法

1. 抗菌药物贮存液的配制 实验用抗生素应为标准的粉剂，选择适宜的溶剂和稀释剂进行溶解和稀释，并配成一定浓度，不低于 $1\,000\mu g/mL$（如 $1\,280\mu g/mL$）。贮存液过滤除菌，小量分装，－20℃以下保存备用，临时保存可在 4℃（一周内）。

2. 待测菌液的准备 待测菌纯培养平板上挑取 4～5 个菌落，接种于 3～5mL M－H 肉汤中，35℃培养 4～6h（生长缓慢者可培养过夜），与标准比浊管比浊，校正菌液浓度至 0.5 麦氏单位之后，再用 M－H 肉汤按 1：200 稀释（推荐终浓度约为 5×10^5 cfu/mL），并在 15min 内接种。

3. 实验方法 取无菌试管（13mm×100mm）12 支，排列编号（1～10 号管为实验组，根据需要可增减管数，11 和 12 号管是对照组）。除第 1 号管外，其余每管加入 M－H 肉汤 1.0 mL。吸取抗菌药物贮存液（如 $1\,000\mu g/mL$）5.12 mL 和 M－H 肉汤 4.88mL 加入大试管中，充分混匀后，从中分别吸出 1mL 加入 1 和 2 号试管中。第 2 号试管充分混匀后吸出 1mL 加入 3 号管，以此类推直至实验组最后一管（如 10 号管）从最后一管吸出 1mL 弃去。经上述稀释，各管的药物浓度从 1 号管依次为 512、256、128、64、32、16、8、4、2、1μg/mL。第 11 号管为不含菌的阴性对照，第 12 号管为不加药物的阳性对照。然后除 11 号管外，其余每管内加入上述制备好的待测菌液各 1 mL，充分混匀后，置 35℃培养 12～18 h，观察结果。判定标准是根据试管的混浊度判断菌体生长情况。凡用肉眼观察无细菌生长的药物最低浓度即为待测菌的最低抑菌浓度（MIC）。能杀死种入菌总量 99.9% 的最低药物浓度即为最低杀菌浓度（MBC）。

【思考题】

1. 圆纸片药敏实验操作时要注意什么事项？

2. 试叙述药敏实验的意义。

实验21

食品中细菌菌落总数的测定

【目的和要求】

1. 学习和掌握测定细菌菌落总数的原理及基本操作方法。

2. 了解测定细菌菌落总数对被检样品进行食品卫生学评价的意义。

【概述】

菌落总数是指食品检样经过处理，在一定条件下培养后（如培养基成分、培养温度和时间、pH、需氧性质等），所得 1mL（g，cm^2）检样中所含菌落的总数。

平板菌落计数法又称标准平板活菌计数法（standard plate count，简称SPC法），是一种统计物品含菌数的有效方法。它是将待测样品经适当稀释后，取一定量的稀释样液涂布在固体培养基上，使其中的微生物充分分散成单个细胞，经过培养，由每个单细胞生长繁殖而形成肉眼可见的菌落，即一个单菌落应代表原样品中的一个单细胞；统计菌落数，根据其稀释倍数和取样接种量即可换算出样品中的含菌数。

菌落总数主要作用是判定食品被污染的程度。通常卫生程度越好的食品，单位样品菌落总数越低，反之，菌落总数越高。由于菌落总数的测定是在有氧条件下 37℃ 培养的结果，故微需氧菌、厌氧菌、嗜热菌和嗜冷菌在此条件下不生长，有特殊营养要求的细菌生长也会受到限制。因此，细菌总数并不表示样品中实际存在的所有细菌总数，只代表一群在平板计数琼脂培养基中发育的嗜中温的需氧或兼性厌氧菌的菌落总数。但由于在自然界中这类细菌占大多数，其数量的多少能反映出样品中细菌的总数，所以，食品中含有的细菌总数采用此方法来测定已得到了广泛的认可。此外，菌落总数不能区分被检样中的细菌种类，故有时被称为需氧菌数、杂菌数等。菌落总数还可以用来观察细菌在食品中生长繁殖的动态，为被检样品进行卫生学评价提供依据。

【实验材料】

1. 培养基及试剂 平板计数琼脂培养基（PCA）、磷酸盐缓冲液、75％乙醇、无菌生理盐水。

2. 仪器及用具 恒温培养箱、均质机、恒温水浴锅、天平、冰箱、无菌超净工作台、pH 计、无菌锥形瓶、无菌培养皿、无菌吸管（容量为 0.1、1、10mL）、放大镜或菌落计数器。

【实验内容】

（一）菌落总数检验程序（图 21-1）

1. 稀释样品

（1）固体和半固体样品：称取 25g 样品放入盛有 225mL 磷酸盐缓冲液或生理盐水的无菌均质杯内，8 000～10 000r/min 均质 1～2min，混合均匀，制成 1：10 的样品匀液。

（2）液体样品：以无菌吸管吸取 25mL 样品放入盛有 225mL 磷酸盐缓冲液或生理盐水的无菌锥形瓶中（瓶内预放入适当数量的玻璃珠），混合均匀，制成 1：10 的样品匀液。

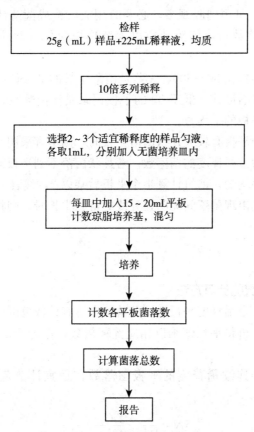

图 21-1　菌落总数检验程序

（3）用 1mL 无菌吸管吸取 1：10 稀释液 1mL，沿管壁徐徐注入含有 9mL 稀释液的试管内（注意吸管尖端不要触及管内稀释液面），振荡试管，使其混合均匀，制成 1：100 的稀释液。

（4）按（3）操作顺序，做 10 倍递增稀释液，每次递增稀释都要换用 1 支 1mL 无菌吸管。

2. 培养

（1）通过对样品污染情况的估计或根据食品卫生标准要求，选择 2～3 个适宜稀释度，分别在做 10 倍递增稀释的同时，每个稀释度分别吸取 1mL 样品匀液加入两个无菌平板内。同时分别吸取 1mL 稀释液加入两个无菌平板作为空白对照。

（2）及时将冷却至 46℃〔可放置在（46±1）℃的水浴中保温〕的平板计数琼脂培养基注入平板 15～20mL，转动平板使其混合均匀，待琼脂凝固后，倒置平板，（36±1）℃恒温培养（48±2）h。水产品（30±1）℃培养（72±3）h。

（3）如果样品中可能含有在琼脂培养基表面弥漫生长的菌落，可在凝固后的琼脂表面覆盖一薄层琼脂培养基（约 4mL），凝固后倒置平板，按上述（2）进行培养。

3. 平板计数 可用肉眼观察，必要时用放大镜或菌落计数器，记录稀释倍数和相应的菌落数量，菌落计数以菌落形成单位（colony-forming units，cfu）表示。

（1）选取菌落数在 30～300、无蔓延菌落生长的平板计数菌落总数。大于 300 的可记录为多不可计，低于 30 的平板记录具体菌落数。每个稀释度的菌落数应采用两个平板的平均数。

（2）其中一个平板有较大片状菌落生长时，则不宜采用，而应以无片状菌落生长的平板作为该稀释度的菌落数。若片状菌落不到平板的一半，而其余一半中菌落分布又很均匀，即可计算半个平板后乘以 2，代表一个平板菌落数。

（3）当平板上出现菌落间无明显界线的链状生长时，则将每条单链作为一个菌落计数。

【实验结果】

（一）菌落总数的计算方法

（1）若只有一个稀释度平板上的菌落数在适宜计数范围内，计算两个平板菌落数的平均值，再将平均值乘以相应稀释倍数，作为 1mL（g，cm²）样品中菌落总数结果。

（2）若有两个连续稀释度的平板菌落数在适宜计数范围内时，按下式计算：

$$N=\frac{\sum C}{(n_1+0.1n_2)\ d}$$

式中 N——样品中菌落数；

$\sum C$——平板（含适宜范围菌落数的平板）菌落数之和；

n_1——第一稀释度（低稀释倍数）平板个数；

n_2——第二稀释度（高稀释倍数）平板个数；

d——稀释因子（第一稀释度）。

（3）若所有稀释度的平板菌落数均小于 30，则应按稀释度最低的平均菌落数乘以稀释倍数计算。

（4）若所有稀释度的平板菌落数均大于 300，则对稀释度最高的平板进行计数，其他平板可记录为多不可计，结果按平均菌落数乘以最高稀释倍数计算。

（5）若所有稀释度的平板菌落数均不在 30～300，其中一部分小于 30 或大于 300 时，则以最接近 30 或 300 的平均菌落数乘以稀释倍数计算。

（6）若所有稀释度（包括液体样品原液）平板均无菌落生长，则以小于 1 乘以最低稀释倍数计算。

（二）菌落总数的报告

（1）菌落数大于或等于 100 时，第 3 位数字采用四舍五入原则修约后，取前 2 位数字，后面用 0 代替位数；也可用 10 的指数形式来表示，按四舍五入原则修约后，采用两位有效数字。

（2）菌落数小于 100 时，按四舍五入原则修约，以整数报告。

（3）若所有平板上为蔓延菌落而无法计数，则报告菌落蔓延。

（4）若空白对照上有菌落生长，则此次检测结果无效。

（5）称重取样以 cfu/g 为单位报告，体积取样以 cfu/mL 为单位报告。

【注意事项】

（1）前一稀释度的平均菌落数应大致为后一稀释度平均菌落数的 10 倍左右，若差别太大应重做。若菌落稠密或长成菌苔严重的平板，不能用来计数。

（2）为防止食品碎屑混入琼脂影响计数，通常需在平板计数琼脂中添加一定量氯化三苯四氮唑（TTC），每 100mL 加 1mL 0.5% TTC，培养后，如系食品颗粒，不见变化，如为细菌，则生成红色菌落。

稀释度选择菌落总数报告方式示例如表 21-1 所示。

表 21-1　稀释度选择及菌落总数报告方式

例次	稀释液及菌落数			两稀释液之比	菌落总数/ （cfu/g 或 cfu/mL）	报告方式/ （cfu/g 或 cfu/mL）
	10^{-1}	10^{-2}	10^{-3}			
1	1 365	164	20	—	16 400	16 000 或 1.6×10^4
2	2 760	295	46	1.6	37 750	38 000 或 3.8×10^4
3	2 890	271	60	2.2	27 100	27 000 或 2.7×10^4
4	多不可计	4 560	513	—	513 000	510 000 或 5.1×10^5
5	27	11	5	—	270	270 或 27
6	0	0	0	—	$<1 \times 10$	<10
7	多不可计	305	12	—	30 500	31 000 或 3.1×10^4

【思考题】

1. 食品中细菌菌落总数测定的意义是什么？
2. 食品中检出的菌落总数是否代表该食品上的所有细菌数？为什么？
3. 影响细菌菌落总数准确性的因素有哪些？

实验22

水中细菌总数的检测

【目的和要求】

1. 学习并掌握饮用水质和水源水质的细菌学检测方法。
2. 了解细菌总数与水质状况的关系。

【概述】

水中细菌的多少能够反映水的质量。在水质评价中，细菌总数和大肠菌群数量是两个常规的检测指标。通过检测结果与卫生标准的比对，可以从细菌学的角度，对饮用水以及水源水的安全性作出评价。细菌总数是指将 1 mL 水样放在牛肉膏蛋白胨琼脂培养基中，于 37℃ 培养 24 h 后，所长出的细菌菌落总数。细菌总数越多，表示水体受有机物或粪便污染越严重。我国生活饮用水标准（GB 5749—2006）规定 1 mL 水中的细菌总数不得超过 100cfu。

【实验材料】

1. 培养基 普通乳糖蛋白胨培养液见附录 2。

2. 仪器及用品 恒温培养箱、显微镜、香柏油、二甲苯（或 1∶1 的乙醚酒精溶液）、吸水纸、擦镜纸、载玻片、盖玻片、革兰氏染色液、无菌采样瓶、灭菌的移液管、自来水、玻璃珠、三角瓶、试管、杜汉氏小管、培养皿等。

【实验步骤】

1. 水样的采集 供细菌学检验的水样，必须按一般无菌操作的基本要求采集，并保证在运送、贮存过程中不受污染。水样从采集到检验不应超过 4 h，在 0～4℃下保存不应超过 24 h，如不能在 4 h 内分析，应在检验报告上注明保存时间和条件。

（1）自来水取样：先用火焰灼烧水龙头 3 min，然后打开水龙头排水 5 min，再用无菌采样瓶接取水样。自来水水样内一般含有氯，可将所采样品中按每 500 mL 水样加 1 mL $Na_2S_2O_3 \cdot 5H_2O$（3%，质量分数）溶液，以消除氯的杀菌作用。

（2）水源水（江、河、湖、池自然水体）取样：先将无菌采样瓶浸入水中，在距水面 10～15 cm 深处取样，采样时，瓶内应留有空隙。如果与其他化验项目联合采样，细菌学分析水样应采在其他样品之前。

2. 水样稀释　根据水样受有机物或粪便污染的程度，可用无菌移液管作 10 倍系列稀释，获得 1∶10，1∶100，1∶1 000 等系列稀释液。水样稀释如图 22-1 所示。

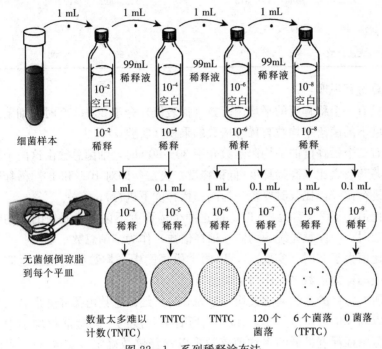

图 22-1　系列稀释涂布法

3. 混菌法接种　用无菌移液管吸取原水样 1 mL 或选取不同稀释度下的稀释液 1 mL，注入无菌培养皿中，倾注 15 mL 溶化并冷却到 45℃ 左右的牛肉蛋白胨琼脂培养基，立即旋转培养皿使水样与培养基混匀（注意一定不要溅出，否则污染外来菌），每个稀释度设置 2 个培养皿，另倒 2 个平皿作对照。

4. 培养　待琼脂培养基凝固后，用封口膜封好，37℃ 倒置恒温培养 24 h。

5. 菌落计数　计算两个培养皿中菌落的平均数作为值，若培养皿中有较大的连片菌落出现，则需要剔除该培养皿的菌落数，以菌落分布独立的平皿作为代表值；如果片状菌落数覆盖的面积不到培养皿的一半，并且其余一半的菌落分布均匀，则可计数半个培养皿的菌落数，乘以 2 后，再作为整个培养皿的代表值。将菌落数介于 30～300 的稀释度视为有效数源，计算水样的细菌总数，具体参见表 22-1。

表 22 - 1　细菌总数的计算

实验号	平均菌落数			高稀释度/低稀释度	菌落总数/(cfu/mL)	报告方式/(cfu/mL)	备　注
	10^{-1}	10^{-2}	10^{-3}				
1	1 365	164	20	—	16 400	16 000	
2	2 760	294	43	1.5	37 700	38 000	两位以后的数字采取四舍五入的方法去掉
3	2 800	271	60	2.2	27 100	27 000	
4	无法计数	1 650	513	—	513 000	510 000	
5	27	11	5		270	270	
6	无法计数	305	2		30 500	31 000	

计算过程说明：

当只有一个稀释度的平均菌落数（代表值）介于 30～300 时，细菌总数为该稀释度下的菌落平均数与稀释倍数的乘积（实验 1）；

当有 2 个稀释度的平均菌落数介于 30～300 时，细菌总数由这两个稀释度的平均菌落数之比（高稀释度/低稀释度）决定（即对 10^{-2} 和 10^{-3} 稀释度下的菌落数进行比较，比较时要统一为同一稀释度下进行）；

当比值小于 2（实验 2）时，取这两个稀释度下菌落代表值的平均数（平均数计数时，应注意先统一为同一稀释倍数）作为细菌总数；

当比值大于 2 时（实验 3），以两个稀释度中平均数菌落数接近 300 的数值与相应的稀释倍数之积作为细菌总数；

当所有稀释的平均菌落数均大于 300 时，细菌总数由稀释度最高的平均菌落数乘以稀释倍数确定（实验 4）；当所有稀释度的平均菌落数均小于 30 时，细菌总数由稀释度最低的平均菌落数乘以稀释倍数确定（实验 5）；当所有稀释度的平均菌落数均不在 30～300 时，细菌总数由最接近 300 或 30 的平均菌落数乘以稀释倍数确定（实验 6）。

【注意事项】

1. 从取样到检测的时间间隔不得超过 4 h。若不能及时检测，应将水样保存在冰箱内，但存放时间不得超过 24 h，并需在检验报告上注明。

2. 弄清每个培养皿的菌落数、每个稀释度的平均菌落数和细菌总数三者之间的关系。

3. 每次稀释都要更换移液枪枪头。

【思考题】

本实验中的细菌总数测定方法能否检测出样品中的全部细菌？为什么？

实验23

食品中大肠菌群的测定

【目的和要求】

1. 了解大肠菌群的测定在食品卫生检验中的意义。
2. 学习和掌握食品中大肠菌群测定的基本原理及操作方法。

【实验原理】

大肠菌群指一群需氧及兼性厌氧、在 37℃ 能分解乳糖产酸产气的革兰氏阴性无芽孢杆菌。多存在于温血动物粪便、人类经常活动的场所以及有粪便污染的地方。人、畜粪便对外界环境的污染是大肠菌群在自然界存在的主要原因。所以，大肠菌群是作为粪便污染指标菌提出来的，主要是以该菌群的检出情况来表示食品中有否粪便污染，同时可以推测该食品中是否存在着肠道致病菌污染的可能性。大肠菌群数的高低，表明了粪便污染的程度，也反映了对人体健康危害性的大小。

大肠菌群 MPN 计数法的原理就是根据大肠菌群的定义，即利用它们能发酵乳糖产酸产气的特性，经证实为大肠菌群阳性管数，查 MPN 检索表，报告每毫升（克）大肠菌群 MPN，MPN 是对样品中活菌密度的估计。

大肠菌群平板计数法的原理就是根据采用的月桂基硫酸盐胰蛋白胨（LST）肉汤培养基中，胰蛋白胨提供碳源和氮源满足细菌生长的需求，氯化钠可维持均衡的渗透压，乳糖是大肠菌群可发酵性的糖类，磷酸二氢钾和磷酸氢二钾是缓冲液，月桂基硫酸钠可抑制非大肠菌群细菌的生长。

【实验材料】

1. 培养基及试剂　煌绿乳糖胆盐（BGLB）肉汤、结晶紫中性红胆盐琼脂（VRBA）、月桂基硫酸盐胰蛋白胨（LST）肉汤、无菌生理盐水、磷酸盐缓冲液、无菌 1 mol/L HCl、无菌 1 mol/L NaOH。

2. 仪器及用具　振荡器、恒温培养箱、均质器、恒温水浴箱、冰箱、pH 计、天平、无菌培养皿、无菌锥形瓶、无菌吸管（容量为 0.1、1、10mL）、接种环、放大镜或菌落计数器。

【实验内容】

一、大肠菌群 MPN 计数法

（一）大肠菌群 MPN 计数的检验程序

大肠菌群 MPN 计数的检验程序如图 23-1。

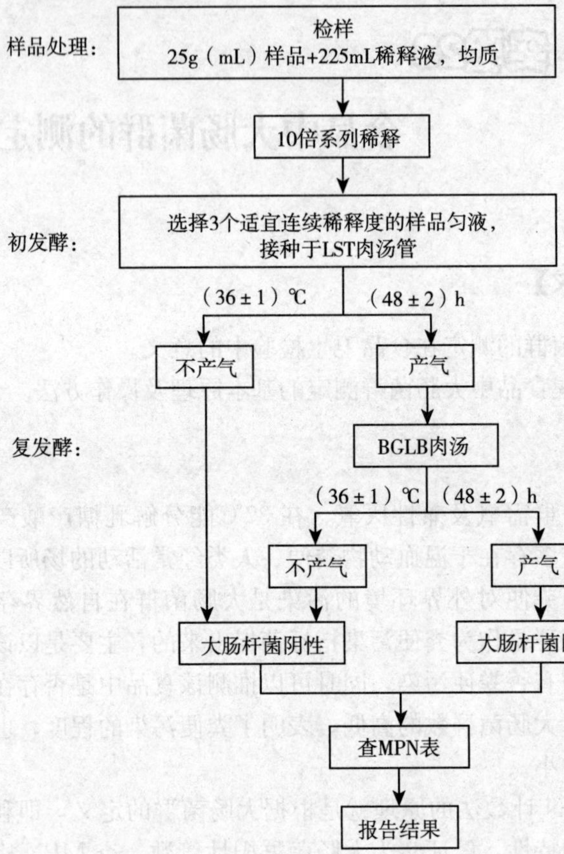

样品处理：
| 检样 |
| 25g（mL）样品+225mL稀释液，均质 |

↓

| 10倍系列稀释 |

↓

初发酵：
| 选择3个适宜连续稀释度的样品匀液， |
| 接种于LST肉汤管 |

（36±1）℃　　（48±2）h

| 不产气 |　　| 产气 |

↓

复发酵：　　| BGLB肉汤 |

（36±1）℃　（48±2）h

| 不产气 |　　| 产气 |

| 大肠杆菌阴性 |　　| 大肠杆菌阳性 |

↓

| 查MPN表 |

↓

| 报告结果 |

图 23-1　大肠菌群 MPN 计数的检验程序

（二）操作步骤

1. 稀释样品

（1）固体和半固体：称取 25g 样品放入盛有 225mL 磷酸盐缓冲液或生理盐水的无菌均质杯内，8 000～10 000r/min 均质 1～2min，混合均匀，制成 1∶10 的样品匀液。

（2）液体样品：以无菌吸管吸取 25mL 样品放入盛有 225mL 磷酸盐缓冲液或生理盐水的无菌锥形瓶（瓶内预放入适当数量的玻璃珠）中，均匀混合，制成 1∶10 的样品匀液。

（3）样品匀液的 pH 应在 6.5～7.5，必要时分别用无菌的 1 mol/L NaOH 或 1 mol/L HCl 调节。

（4）用 1 mL 无菌吸管吸取 1∶10 样品匀液 1 mL，沿管壁缓缓注入含有 9mL 磷酸盐缓冲液或生理盐水的无菌试管中（注意吸管的尖端不要触及稀释液面），振摇试管或用 1 支新的 1 mL 无菌吸管反复吹打，使其均匀混合，制成 1∶100 的样品匀液。

（5）根据对样品污染状况的估计，按上述操作，依次制成 10 倍递增的样品稀释匀液。每次递增稀释都要换用 1 支新的 1 mL 无菌吸管（从制备样品匀液至样品接种完毕，全过程不得超过 15 min）。

2. 发酵实验

（1）初发酵实验：每个样品，选择 3 个适宜的连续稀释度的样品匀液（液体样品可以选择原液），每个稀释度接种在 3 管月桂基硫酸盐胰蛋白胨（LST）肉汤中，每管接种量为 1mL（如接种量超过 1 mL，应用双料 LST 肉汤），（36±1）℃ 恒温培养（24±2）h，观察倒管内是否有气泡产生。培养（24±2）h 后，产气者进行复发酵实验，如未产气则继续培养至（48±2）h，产气者进行复发酵实验，未产气者为大肠菌群阴性。

（2）复发酵实验：用接种环从产气的 LST 肉汤管中分别取培养物 1 环，移种于煌绿乳糖胆盐肉汤（BGLB）管中，（36±1）℃ 恒温培养（48±2）h，观察产气情况。产气者，计为大肠菌群阳性管。

（三）大肠菌群最可能数（MPN）的报告

按复发酵实验确证的大肠菌群 LST 阳性管数，检索 MPN 表（见附录 4 附表 4-1），报告每克（毫升）样品中大肠菌群的 MPN 值。

二、大肠菌群平板计数法

（一）大肠菌群平板计数的检验程序

大肠菌群平板计数的检验程序如图 23-2。

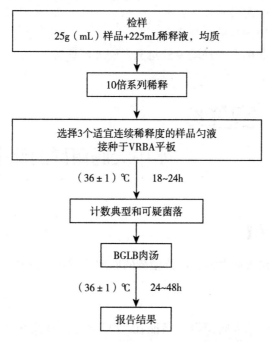

图 23-2 大肠菌群平板计数法的检验程序

（二）操作步骤

1. 稀释样品 同大肠菌群 MPN 计数法。

2. 培养

（1）选取 2～3 个适宜的连续样品匀液稀释度，每个稀释度接种在 2 个无菌平皿中，每个平皿接种量为 1 mL。同时取 1 mL 生理盐水加入无菌平皿中作为空白对照。

（2）及时将冷至 46 ℃的结晶紫中性红胆盐琼脂（VRBA）15～20mL 倾注于每个平皿中。小心旋转平皿，使样液与培养基混合均匀，待琼脂凝固后，再加 3～4 mL VRBA 覆盖平板表层。倒置平板，（36±1）℃恒温培养 18～24 h。

3. 平板计数

（1）平板菌落数的选择：选取菌落数在 15～150 的平板，分别计数平板上出现的典型和可疑大肠菌群菌落。典型菌落为紫红色，菌落周围有红色的胆盐沉淀环，菌落直径为 0.5 mm 或更大。

（2）证实实验：从 VRBA 平板上挑取 10 个不同类型的典型和可疑大肠菌群菌落，分别移种于 BGLB 肉汤管中，（36±1）℃恒温培养 24～48 h，观察产气情况。BGLB 肉汤管产气的为大肠菌群阳性。

（三）大肠菌群平板计数的报告

经最后证实为大肠菌群阳性的试管比例乘以方法 3（1）中计数的平板菌落数，再乘以稀释倍数，即为每克（毫升）样品中大肠菌群数。

【思考题】

1. 大肠菌群的定义是什么？
2. 作空白对照的目的是什么？
3. 为什么大肠菌群的检验要经过复发酵才能证实？

实验24

水中大肠菌群的测定

【目的和要求】

了解饮用水和水源水大肠菌群检测的原理、方法和意义。

【概述】

大肠菌群又称总大肠菌群，指能在 37℃下生长并能在 24 h 内发酵乳糖，产酸产气，需氧和兼性厌氧的革兰氏阴性无芽孢杆菌的总称。该菌主要来源于人畜粪便，故以此作为粪便污染指标来评价饮用水的卫生质量，推断饮用水中是否有污染肠道致病菌的可能。饮用水中大肠菌群数是以 100 mL 水样内大肠菌群最可能数（maximum possible number，MPN）表示。

我国饮用水卫生标准（GB 5749—2006）规定，每 100mL 水中不得检出总大肠菌群。

【实验材料】

1. 样品　待检水样。

2. 培养基　乳糖蛋白胨培养基、三倍浓度浓缩乳糖蛋白胨培养基、伊红美蓝培养基（EMB 培养基）、亮绿乳糖胆汁肉汤或十二烷基醇肉汤等。

3. 试剂　革兰氏染色液、无菌生理盐水。

4. 仪器和用具　恒温箱、天平、无菌培养皿、载玻片、无菌空瓶（500mL）、移液管、试管、三角瓶、显微镜等。

【实验步骤】

1. 水样的采取和保藏　采取水样的方法同细菌总数检测。如需检测好氧微生物，采样后应立即换成无菌棉塞。水样必须及时检测，若不能及时检测，则必须放在 4℃冰箱内保存。若无此条件，则应在报告中注明。对于较清的水样，采样与检测的时间间隔不得超过 12 h；对于污水水样，采样与检测的时间间隔不得超过 6 h。

2. 初发酵实验　在装有 5 mL 和 50 mL 三倍浓缩乳糖蛋白胨培养基的试管中分别加入 10 mL 和 100 mL（各 1 支）原水样。然后在装有 10 mL 乳糖蛋白胨培养基试管中分别加入水样 1 mL 10^{-1} 和 10^{-2} 稀释水样和 1 mL 原水样，小心混匀放入 37℃培养箱中培养 24 h，观察杜汉氏小管内有无气体和酸产生（培养基有无变色）。若实验所测定的 15 支管中均为阳性反应，说明浓水样污染严重，可将样品进一步稀释后，再按上述方法接种、培养和观察；若 24 h 未产酸产气，可继续培养至 48 h，记下实验初步结果。将经 24 h 或 48 h 培养后产酸产气或仅产酸的试管中菌液分别划线接种于伊红美蓝琼脂平板上，于 37℃培养 24 h，将出现以上 3 种特征的菌落进行涂片、革兰氏染色和镜检。

（1）深紫色：具有金属光泽的菌落。

（2）紫黑色：不带或略带金属光泽的菌落。

（3）淡紫红色：中心颜色较深的菌落。

3. 复发酵实验　选择具有上述特征的菌落，经涂片、染色镜检后，若为革兰氏阴性无芽孢杆菌，则用接种环挑取此菌落的一部分转接含乳糖蛋白胨培养试管中，经 37℃培养 24 h 后，观察实验结果，若呈现产酸产气即证实存在大肠杆菌群。

微生物糖类发酵可能的类型主要有产酸或产气两种。当加入苯酚红作为 pH 指示剂，如果小倒管中有气体产生，并使溶液颜色由粉红色变为橙色者则为产酸产气类型；只有气体产生者为产气类型；不产气，但溶液颜色由粉红色变为橙色者则为产酸类型；溶液颜色无变化且不产气者为对照。

4. 结果记录　自来水、池水、河水或湖水样品经复发酵实验证实存在大肠菌群后，可将各水样的初发酵实验结果纪录在表 24-1 中，并根据初发酵实验的阳性管数，查大肠菌群检验表（表24-2和表24-3），即得每升水样中大肠菌群数。

表24-1　不同种类水样中大肠菌群测试结果记录表

水样体积 / 阳性管数 / 水样种类	100mL	10mL	1mL	0.1mL	0.01mL	大肠菌群数/（MPN/L）
自来水						
池水						
河水						
湖水						

表24-2　大肠菌群检验表（一）（MPN法）

（个/L）

10mL 水样的阳性管数	100mL 水样的阳性管数		
	0	1	2
0	<3	4	11
1	3	8	18
2	7	13	27
3	11	18	38
4	14	24	52
5	18	30	70
6	22	36	92
7	27	43	120
8	31	51	161
9	36	60	230
10	40	69	>230

注：水样总量300 mL（2份100 mL，10份10 mL），此表用于测生活饮用水。

表24-3　大肠菌群检验表（二）（MPN法）

（个/L）

100	10	1	0.1	大肠菌群数	100	10	1	0.1	大肠菌群数
−	−	−	−	<9	−	+	+	−	28
−	−	−	+	9	+	−	−	+	92
−	−	+	−	9	+	−	+	−	94
−	+	−	−	9.5	+	−	+	+	180
−	−	+	+	18	+	+	−	−	230

（续）

100	10	1	0.1	大肠菌群数	100	10	1	0.1	大肠菌群数
−	+	−	+	19	+	+	−	+	960
−	+	+	−	22	+	+	+	−	2 380
+	−	−	−	23	+	+	+	+	>2 380

注：水样总量 111.1mL（100，10，1，0.1mL）。＋表示有大肠菌群，－表示无大肠菌群。

【思考题】

1. 测定水中大肠菌群数有什么实际意义？为什么选用大肠菌群作为水的卫生指标？

2. 根据我国饮用水水质标准，讨论这次检验结果。

3. 什么是大肠菌群？常用什么培养基？该培养基中各种成分的主要作用是什么？

实验25

食品中金黄色葡萄球菌的检验

【目的和要求】

1. 了解食品中金黄色葡萄球菌检验的原理。
2. 掌握食品中金黄色葡萄球菌定性鉴定的意义和操作方法。

【概述】

葡萄球菌呈球形或稍呈椭圆形，直径 $1.0\mu m$ 左右，排列成葡萄状，无鞭毛，不能运动，无芽孢，除少数菌株外一般不形成荚膜。在自然界分布广泛，空气、土壤、水、饲料、食品（剩饭、糕点、牛奶、肉品等）以及人和动物的体表黏膜等处均有，大部分是不致病的球菌，也有一些是致病的。

金黄色葡萄球菌是葡萄球菌属中的一个种。能产生多种毒素和酶，可引起皮肤组织炎症。如果在食品中大量生长繁殖产生毒素，人误食后就会发生食物中毒，故食品中金黄色葡萄球菌的存在对人的健康是一种潜在威胁。所以，检查食品中是否存在金黄色葡萄球菌及其数量多少具有实际意义。

金黄色葡萄球菌在血平板上生长时，因产生金黄色色素，菌落呈现金黄色；在 Baird-Parker 平板上生长时，因将亚碲酸钾还原成碲酸钾使菌落呈灰黑色；由于产生溶血素使菌落周围形成大而透明的溶血圈，在试管中出现溶血反应；在肉汤中生长时，菌体可生成血浆凝固酶，使血浆凝固；因产生脂酶使菌落周围有一混浊带，而在其外层因产生蛋白水解酶有一透明带。这些是鉴定致病性金黄色葡萄球菌的重要指标。

【实验材料】

1. 培养基及试剂　Baird-Parker 琼脂平板、血琼脂平板、营养琼脂小斜面、兔血浆、7.5％氯化钠肉汤、10％氯化钠胰酪胨大豆肉汤、脑心浸出液肉汤（BHI）、革兰氏染色液、磷酸盐缓冲液、无菌生理盐水、无菌 1 mol/L HCl、无菌 1 mol/L NaOH。

2. 仪器及用具　pH 计、恒温水浴锅、振荡器、恒温培养箱、天平、冰箱、均质器、无菌吸管（容量为 0.1、1 、10mL）、无菌试管、无菌培养皿、无菌锥形瓶、注射器、无菌 L 形涂布棒等。

【实验内容】

一、金黄色葡萄球菌定性检验

（一）金黄色葡萄球菌定性检验程序

金黄色葡萄球菌定性检验程序如图 25-1。

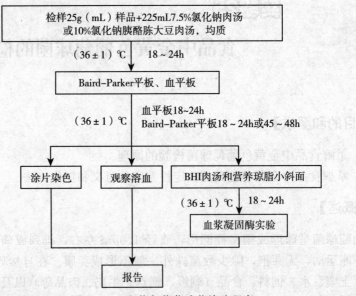

图 25-1　金黄色葡萄球菌检验程序

（二）操作步骤

1. 样品的处理

（1）固体和半固体：称取 25 g 样品放入盛有 225 mL 7.5％氯化钠肉汤或 10％氯化钠胰酪胨大豆肉汤的无菌均质杯内，8 000～10 000 r/min 均质 1～2 min，使其混合均匀。

（2）液体样品：吸取 25 mL 样品放入盛有 225 mL 7.5％氯化钠肉汤或

10％氯化钠胰酪胨大豆肉汤的无菌锥形瓶（瓶内可预置适当数量的无菌玻璃珠）中，振荡使其混合均匀。

2. 扩大培养和分离培养

（1）将上述样品匀液放置于（36±1）℃，培养18～24 h。金黄色葡萄球菌在7.5％氯化钠肉汤中呈混浊生长，污染严重时在10％氯化钠胰酪胨大豆肉汤内呈混浊生长。

（2）将上述培养物，分别划线接种到 Baird-Parker 平板和血平板上。血平板（36±1）℃培养18～24 h。Baird-Parker 平板（36±1）℃培养18～24 h 或45～48 h。

3. 鉴定

（1）形态学观察：金黄色葡萄球菌在 Baird-Parker 平板上，菌落直径为2～3 mm，颜色呈灰色到黑色，边缘为淡色，周围为一混浊带，在其外层有一透明圈。用接种针接触菌落有似奶油至树胶样的硬度，偶然会遇到非脂肪溶解的类似菌落，但无混浊带及透明圈。长期保存的冷冻或干燥食品中所分离的菌落比典型菌落所产生的黑色较淡些，外观可能粗糙并干燥。

在血平板上，形成菌落较大，圆形、光滑凸起、湿润、金黄色（有时为白色），菌落周围可见完全透明溶血圈。挑取上述菌落进行革兰氏染色镜检及血浆凝固酶实验。

（2）染色镜检：金黄色葡萄球菌为革兰氏阳性球菌，排列呈葡萄球状，无芽孢，无荚膜，直径为0.5～1μm。

（3）血浆凝固酶实验：挑取 Baird-Parker 平板或血平板上可疑菌落1个或以上，分别接种到5 mL BHI 中和营养琼脂小斜面上，（36±1）℃培养18～24 h。

取新鲜配制兔血浆0.5 mL，放入小试管中，再加入 BHI 培养物0.2～0.3 mL，振荡摇匀，置（36±1）℃温箱或水浴箱内，每半小时观察一次，观察6 h，如呈现凝固（即将试管倾斜或倒置时，呈现凝块）或凝固体积大于原体积的一半，判定为阳性结果。同时以血浆凝固酶实验阳性和阴性葡萄球菌菌株的肉汤培养物作为对照。也可用商品化的试剂，按说明书操作，进行血浆凝固酶实验。

结果如可疑，挑取营养琼脂小斜面的菌落接种到5 mL BHI 中，（36±1）℃培养18～48 h，重复实验。

（三）结果与报告

1. 结果判定　符合3鉴定，可判定为金黄色葡萄球菌。

2. 结果报告　在25 g（mL）样品中检出或未检出金黄色葡萄球菌。

二、金黄色葡萄球菌 Baird-Parker 平板计数法

（一）操作步骤

1. 稀释样品

（1）固体和半固体样品：称取25 g 样品放入盛有225 mL 磷酸盐缓冲液或生理盐水的无菌均质杯内，8 000～10 000 r/min 均质1～2 min，使其混合均

匀，制成 1∶10 的样品匀液。

（2）液体样品：以无菌吸管吸取 25 mL 样品放入盛有 225 mL 磷酸盐缓冲液或生理盐水的无菌锥形瓶（瓶内预放入适当数量的无菌玻璃珠）中，充分混匀，制成 1∶10 的样品匀液。

（3）用 1 mL 无菌吸管吸取 1∶10 样品匀液 1 mL，沿管壁缓慢注于盛有 9 mL 稀释液的无菌试管中（注意吸管尖端不要触及稀释液面），振摇试管，使其混合均匀，制成 1∶100 的样品匀液。

（4）按（3）操作程序，制备 10 倍系列稀释样品匀液。每次递增稀释需换用 1 次 1 mL 无菌吸管。

2. 接种　根据对样品污染状况的估计，选择 2～3 个适宜稀释度的样品匀液（液体样品可包括原液），在进行 10 倍递增稀释时，每个稀释度分别吸取 1 mL 样品匀液以 0.3、0.3、0.4 mL 接种量分别加入三块 Baird-Parker 平板中，然后用无菌 L 形涂布棒涂布整个平板，注意不要触及平板边缘。使用前，如 Baird-Parker 平板表面有水珠，可放在 25～50℃的培养箱里干燥，直到平板表面的水珠消失。

3. 培养　在通常情况下，涂布后，将平板静置 10 min，如样液不易吸收，可将平板放在培养箱（36±1)℃培养 1 h；等样品匀液吸收后翻转平皿，倒置在培养箱中，（36±1)℃培养 45～48 h。

4. 典型菌落计数和确认

（1）金黄色葡萄球菌在 Baird-Parker 平板上，菌落直径为 2～3 mm，颜色呈灰色到黑色，边缘为淡色，周围为一混浊带，在其外层有一透明圈。用接种针接触菌落有似奶油至树胶样的硬度，偶然会遇到非脂肪溶解的类似菌落，但无混浊带及透明圈。长期保存的冷冻或干燥食品中所分离的菌落比典型菌落所产生的黑色较淡些，外观可能粗糙并干燥。

（2）从典型菌落中任选 5 个菌落（小于 5 个全选），分别按上述金黄色葡萄球菌定性检验中 3（3）做血浆凝固酶实验。

（3）选择有典型的金黄色葡萄球菌菌落的平板，且同一稀释度 3 个平板所有菌落数合计在 20～200 的平板，计数典型菌落数。如果：

① 如果只有一个稀释度平板的菌落数在 20～200 且有典型菌落，计数该稀释度平板上的典型菌落；

② 最低稀释度平板的菌落数小于 20 且有典型菌落，计数该稀释度平板上的典型菌落；

③ 某一稀释度平板的菌落数大于 200 且有典型菌落，但下一稀释度平板上没有典型菌落，应计数该稀释度平板上的典型菌落；

④ 某一稀释度平板的菌落数大于 200 且有典型菌落，且下一稀释度平板上有典型菌落，但其平板上的菌落数不在 20～200，应计数该稀释度平板上的典型菌落；

以上按公式 25-1 计算。

⑤ 2 个连续稀释度的平板菌落数均在 20～200，按公式 25-2 计算。

（二）结果计算

Baird-Parker 平板计数法的公式如下：

$$T=\frac{AB}{Cd} \qquad (25-1)$$

式中　T——样品中金黄色葡萄球菌菌落数；

　　　A——某一稀释度典型菌落的总数；

　　　B——某一稀释度血浆凝固酶阳性的菌落数；

　　　C——某一稀释度用于血浆凝固酶实验的菌落数；

　　　d——稀释因子。

$$N=\frac{\sum T}{1.1d} \qquad (25-2)$$

式中　N——样品中金黄色葡萄球菌菌落数；

　　　$\sum T$——两个稀释度平板上确认的金黄色葡萄球菌菌落总数之和；

　　　1.1——计算系数；

　　　d——稀释因子（第一稀释度）。

（三）结果与报告

根据 Baird-Parker 平板上金黄色葡萄球菌的典型菌落数，按上述公式计算，报告每克（毫升）样品中金黄色葡萄球菌数，以 cfu/g（mL）表示；如 T 或 N 值为 0，则以小于 1 乘以最低稀释倍数报告。

【注意事项】

1. 金黄色葡萄球菌繁殖时呈多个平面的不规则分裂，堆积成葡萄串状。在中毒食品、脓汁或液体培养基中常呈单个或环状短链排列，易误认为是链球菌。

2. 实验中须注意生物安全保护，实验结束后要消毒环境，实验材料高压灭菌后方可清洗或弃之。

【思考题】

1. 鉴定致病性金黄色葡萄球菌的重要指标是什么？

2. 金黄色葡萄球菌在 Baird-Parker 平板上的菌落特征如何？为什么？

实验26

食品中沙门氏菌的检验

【目的和要求】

1. 学习沙门氏菌属的生化反应及其检验原理。

2. 掌握食品中沙门氏菌属检测的操作方法。

3. 了解沙门氏菌在食品安全评价的意义。

【概述】

沙门氏菌为革兰氏阴性、较为细长的杆菌，不产生芽孢，周身鞭毛，能运动，是肠杆菌科中最重要的病原菌属，是引起人类和动物发病及食物中毒的主要病原菌之一。食品中沙门氏菌的检验方法有 5 个基本步骤：①前增菌；②选择性增菌；③选择性平板分离沙门氏菌；④生化实验，鉴定到属；⑤血清学分型鉴定。

沙门氏菌属不发酵乳糖，能在各种选择性培养基上生成特殊形态的菌落，从而与大肠杆菌相区别。根据沙门氏菌属的生化特征，借助于三糖铁、靛基质、尿素、KCN、赖氨酸等实验可与肠道其他菌属相鉴别。本菌属的所有菌种均有特殊的抗原结构，借此也可以把他们分辨出来。

食品中沙门氏菌含量较少，且常由于食品加工过程使其受到损伤而处于濒死的状态。为了分离与检测食品中的沙门氏菌，对某些加工食品必须经过前增菌处理，用无选择性的培养基使处于濒死状态的沙门氏菌恢复其活力，再进行选择性增菌，使沙门氏菌得以增殖而大多数的其他细菌受到抑制，然后再进行分离。

【实验材料】

1. 培养基及试剂　四硫磺酸钠煌绿（TTB）增菌液、缓冲蛋白胨水（BPW）、亚硫酸铋（BS）琼脂、亚硒酸盐胱氨酸（SC）增菌液、木糖赖氨酸脱氧胆盐（XLD）琼脂、HE（Hoktoen Enteric）琼脂、沙门氏菌属显色培养基、三糖铁（TSI）琼脂、蛋白胨水、靛基质试剂、尿素琼脂（pH 7.2）、氰化钾（KCN）培养基、赖氨酸脱羧酶实验培养基、糖发酵管、邻硝基酚 β-D 半乳糖苷（ONPG）培养基、半固体琼脂、丙二酸钠培养基、沙门氏菌 O 和 H 诊断血清、生化鉴定试剂盒。

2. 仪器及用具　冰箱、恒温培养箱、均质器、振荡器、电子天平、无菌锥形瓶、无菌吸管（1、10mL）、无菌培养皿、无菌试管、无菌毛细管、pH 计、全自动微生物生化鉴定系统。

【实验内容】

（一）沙门氏菌检验程序

沙门氏菌检验程序见图 26-1。

（二）操作步骤

1. 前增菌　称取 25 g（mL）样品放入盛有 225 mL BPW 的无菌均质杯中，以 8 000～10 000r/min 均质 1～2 min。若样品为液态，不需要均质，振荡混匀。如需测定 pH，用 1 mol/mL 无菌 NaOH 或 HCl 调 pH 至 6.8±0.2。无菌操作将样品转至 500 mL 锥形瓶中，于（36±1）℃培养 8～18h。如为冷冻产品，应在 45℃以下不超过 15min，或 2～5℃不超过 18h 解冻。

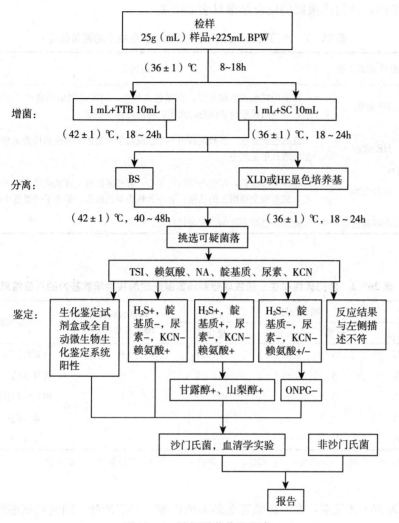

图 26-1 沙门氏菌检验程序

2. 增菌 轻轻摇动培养过的样品混合物,吸取 1 mL 转种于 10 mL TTB 内,(42±1)℃培养 18～24h。同时,另吸取 1 mL,转种于 10 mL SC 内,(36±1)℃培养 18～24 h。

3. 分离 分别用接种环取增菌液 1 环,划线接种在一个 BS 琼脂平板和一个 XLD 琼脂平板(或 HE 琼脂平板或沙门氏菌属显色培养基平板)上。(36±1)℃分别培养 18～24 h(XLD 琼脂平板、HE 琼脂平板、沙门氏菌属显色培养基平板)或 40～48 h(BS 琼脂平板),观察各个平板上生长的菌落,各个平板上的菌落特征见表 26-1。

4. 生化实验

(1) 三糖铁高层琼脂初步鉴别:自选择性琼脂平板上分别挑取 2 个以上典型或可疑菌落,接种在三糖铁琼脂上,先在斜面划线,再于底层穿刺;接种针不要灭菌,直接接种在赖氨酸脱羧酶实验培养基和营养琼脂平板上,(36±1)℃培养 18～24 h,必要时可延长至 48 h。在三糖铁琼脂和赖氨酸脱羧酶实验培养基内，沙门氏菌属的反应结果见表 26-2。

表 26-1 沙门氏菌属在不同选择性琼脂平板上的菌落特征

选择性琼脂平板	沙门氏菌
BS 琼脂	菌落为黑色有金属光泽、棕褐色或灰色，菌落周围培养基可呈黑色或棕色；有些菌株形成灰绿色的菌落，周围培养基不变
HE 琼脂	蓝绿色或蓝色，多数菌落中心黑色或几乎全黑色；有些菌株为黄色，中心黑色或几乎全黑色
XLD 琼脂	菌落呈粉红色，带或不带黑色中心，有些菌株可呈现大的带光泽的黑色中心，或呈现全部黑色的菌落；有些菌株为黄色菌落，带或不带黑色中心
沙门氏菌属显色培养基	按照显色培养基的说明进行判定

表 26-2 沙门氏菌属在三糖铁琼脂和赖氨酸脱羧酶实验培养基内的反应结果

三糖铁琼脂				赖氨酸脱羧酶实验培养基	初步判断
斜面	底层	产气	硫化氢		
K	A	+ (-)	+ (-)	+	可疑沙门氏菌属
K	A	+ (-)			可疑沙门氏菌属
A	A	+ (-)			可疑沙门氏菌属
A	A	+/-	+/-		非沙门氏菌
K	K	+/-	+/-	+/-	非沙门氏菌

注：K：产碱，A：产酸，+：阳性，-：阴性，+ (-)：多数阳性，少数阴性，+/-：阳性或阴性。

表 26-2 说明，在三糖铁琼脂斜面内产酸，底层产酸，同时赖氨酸脱羧酶实验阴性的菌株可以排除。其他的反应结果均有沙门氏菌属的可能，同时也均有不是沙门氏菌属的可能。

（2）接种三糖铁琼脂和赖氨酸脱羧酶实验培养基的同时，可直接接种在蛋白胨水（供做靛基质实验）、尿素琼脂（pH7.2）、氰化钾（KCN）培养基上，也可在初步判断结果后从营养琼脂平板上挑取可疑菌落接种，（36±1）℃培养18~24h，必要时可延长至48h。按表 26-3 判定结果。将已挑菌落的平板贮存于2~5℃或室温至少保留24h，以备必要时复查。

表 26-3 沙门氏菌属生化反应初步鉴别表

反应序号	硫化氢（H_2S）	靛基质	pH7.2尿素	氰化钾（KCN）	赖氨酸脱羧酶
A_1	+	-	-	-	+
A_2	+	+	-	-	+
A_3	-	-	-	-	+/-

注：+阳性；-阴性；+/-阳性或阴性。

①　反应序号 A_1：典型反应判定为沙门氏菌属。如尿素、KCN 和赖氨酸脱羧酶 3 项中有 1 项异常，按表 26-4 可判定为沙门氏菌。如有 2 项异常为非沙门氏菌。

②　反应序号 A_2：补做甘露醇和山梨醇实验，沙门氏菌靛基质阳性变体两项实验结果均为阳性，但需要结合血清学鉴定结果进行判定。

③　反应序号 A_3：补做 ONPG 实验。ONPG 实验阴性为沙门氏菌，同时赖氨酸脱羧酶阳性，甲型副伤寒沙门氏菌为赖氨酸脱羧酶阴性。

④　必要时按表 26-5 进行沙门氏菌生化群的鉴别。

表 26-4　沙门氏菌属生化反应初步鉴别表

pH7.2 尿素	氰化钾 (KCN)	赖氨酸脱羧酶	判 定 结 果
−	−	−	甲型副伤寒沙门氏菌（要求血清学鉴定结果）
−	+	+	沙门氏菌Ⅳ或Ⅴ（要求符合本群生化特性）
+	−	+	沙门氏菌个别变体（要求血清学鉴定结果）

注：+表示阳性；−表示阴性。

表 26-5　沙门氏菌属各生化群的鉴别

项目	Ⅰ	Ⅱ	Ⅲ	Ⅳ	Ⅴ	Ⅵ
卫矛醇	+	+	−	−	+	
山梨醇	+	+	+	+	+	
水杨苷	−	−	−	+	−	
ONPG	−	−	+	−	+	
丙二酸盐	−	+	+	−	−	
KCN	−	−	−	+	+	

注：+表示阳性；−表示阴性。

（3）如选择生化鉴定试剂盒或全自动微生物生化鉴定系统，可根据三糖铁高层琼脂的初步判断结果，从营养琼脂平板上挑取可疑菌落，用生理盐水制备成浊度适当的菌悬液，使用生化鉴定试剂盒或全自动微生物生化鉴定系统进行鉴定。

5. 血清学鉴定

（1）抗原的准备：一般采用 1.2%～1.5%琼脂培养物作为玻片凝集实验用的抗原。

O 血清不凝集时，将菌株接种在琼脂量较高的（如 2%～3%）培养基上再检查；如果是由于 Vi 抗原的存在而阻止了 O 凝集反应时，可挑取菌苔于 1 mL 生理盐水中做成浓菌液，于酒精灯火焰上煮沸后再检查。H 抗原发育不良时，将菌株接种在 0.55%～0.65%半固体琼脂平板的中央，待菌落蔓延生长时，在其边缘部分取菌检查；或将菌株通过装有 0.3%～0.4%半固体琼脂的小玻管 1～2 次，自远端取菌培养后再检查。

（2）多价菌体抗原（O）鉴定：在玻片上划出 2 个约 1cm×2cm 的区域，

挑取 1 环待测菌，各放 1/2 环于玻片上的每一区域上部，在其中一个区域下部加 1 滴多价菌体（O）抗血清，在另一区域下部加入 1 滴生理盐水，作为对照。再用无菌的接种环或针分别将两个区域内的菌落研成乳状液。将玻片倾斜摇动混合 1 min，并对着黑暗背景进行观察，任何程度的凝集现象皆为阳性反应。

（3）多价鞭毛抗原（H）鉴定：同 5（2）。

（4）血清学分型（选做项目）：

① O 抗原的鉴定：用 A～F 多价 O 血清做玻片凝集实验，同时用生理盐水作对照。在生理盐水中自凝者为粗糙形菌株，不能分型。

被 A～F 多价 O 血清凝集者，依次用 O4、O3、O10、O7、O8、O9、O2 和 O11 因子血清做凝集实验。根据实验结果，判定 O 群。被 O3、O10 血清凝集的菌株，再用 O10、O15、O34、O19 单因子血清做凝集实验，判定 E1、E2、E3、E4 各亚群，每一个 O 抗原成分的最后确定均应根据 O 单因子血清的检查结果，没有 O 单因子血清的要用两个 O 复合因子血清进行核对。

不被 A～F 多价 O 血清凝集者，先用 9 种多价 O 血清检查，如有其中一种血清凝集，则用这种血清所包括的 O 群血清逐一检查，以确定 O 群。每种多价 O 血清所包括的 O 因子如下：

O 多价 1　A，B，C，D，E，F，群（并包括 6，14 群）
O 多价 2　13，16，17，18，21 群
O 多价 3　28，30，35，38，39 群
O 多价 4　40，41，42，43 群
O 多价 5　44，45，47，48 群
O 多价 6　50，51，52，53 群
O 多价 7　55，56，57，58 群
O 多价 8　59，60，61，62 群
O 多价 9　63，65，66，67 群

② H 抗原的鉴定：属于 A～F 各 O 群的常见菌型，依次用表 26－6 所述 H 因子血清检查第 1 相和第 2 相的 H 抗原。

不常见的菌型，先用 8 种多价 H 血清检查，如有其中一种或两种血清凝集，则再用这一种或两种血清所包括的各种 H 因子血清逐一检查第 1 相和第 2 相的 H 抗原。8 种多价 H 血清所包括的 H 因子如下：

H 多价 1　a，b，c，d，i
H 多价 2　eh，enx，enz15，fg，gms，gpu，gp，gq，mt，gz51
H 多价 3　k，r，y，z，z10，lv，lw，lz13，lz28，lz40
H 多价 4　1，2；1，5；1，6；1，7；z6
H 多价 5　z4z23，z4z24，z4z32，z29，z35，z36，z38
H 多价 6　z39，z41，z42，z44
H 多价 7　z52，z53，z54，z55
H 多价 8　z56，z57，z60，z61，z62

表 26 - 6　A～F 群常见菌型 H 抗原

O 群	第 1 相	第 2 相
A	a	无
B	g, f, s	无
B	i, b, d,	2
C_1	k, v, r, c	5, z_{15}
C_2	b, d, r	2, 5
D (不产气的)	d	无
D (产气的)	g, m, p, q	无
E_1	h, v	6, w, x
E_4	g, s, t	无
E_4	i	

　　每一个 H 抗原成分的最后确定均应根据 H 单因子血清的检查结果，没有 H 单因子血清的要用两个 H 复合因子血清进行核对。

　　检出第 1 相 H 抗原而未检出第 2 相 H 抗原的或检出第 2 相 H 抗原而未检出第 1 相 H 抗原的，可在琼脂斜面上移种 1～2 代后再检查。如仍只检出一个相的 H 抗原，要用位相变异的方法检查其另一个相。单相菌不必做位相变异检查。

　　位相变异实验方法如下：

　　小玻管法：将半固体管（每管 1～2 mL）在酒精灯上熔化并冷至 50℃，取已知相的 H 因子血清 0.05～0.1mL，加入熔化的半固体内，混匀后，用毛细吸管吸取分装于供位相变异实验的小玻管内，待凝固后，用接种针挑取待检菌，接种于一端。将小玻管平放在平皿内，并在其旁放一团湿棉花，以防琼脂中水分蒸发而干缩，每天检查结果，待另一相细菌解离后，可以从另一端挑取细菌进行检查。培养基内血清的浓度应有适当的比例，过高时细菌不能生长，过低时同一相细菌的动力不能抑制。一般按原血清 1：200～1：800 的量加入。

　　小倒管法：将两端开口的小玻管（下端开口要留一个缺口，不要平齐）放在半固体管内，小玻管的上端应高出培养基的表面，灭菌后备用。临用时在酒精灯上加热熔化，冷至 50℃，挑取因子血清 1 环，加入小套管中的半固体内，略加搅动，使其混匀，待凝固后，将待检菌株接种于小套管中的半固体表层内，每天检查结果，待另一相细菌解离后，可从套管外的半固体表面取菌检查，或转种 1% 软琼脂斜面，于 37℃ 培养后再做凝集实验。

　　简易平板法：将 0.35%～0.4% 半固体琼脂平板烘干表面水分，挑取因子血清 1 环，滴在半固体平板表面，放置片刻，待血清吸收到琼脂内，在血清部位的中央点种待检菌株，培养后，在形成蔓延生长的菌苔边缘取菌检查。

　　③ Vi 抗原的鉴定：用 Vi 因子血清检查。已知具有 Vi 抗原的菌型有：伤

寒沙门氏菌，丙型副伤寒沙门氏菌，都柏林沙门氏菌。

④ 菌型的判定：根据血清学分型鉴定的结果，按照附录 4 附表 4－2 和有关沙门氏菌属抗原表判定菌型。

（三）结果与报告

综合以上生化实验和血清学鉴定的结果，报告 25g（mL）样品中检出或未检出沙门氏菌属。

【思考题】

1. 如何提高沙门氏菌的检出率？
2. 沙门氏菌属检验主要包括哪几个主要步骤？

实验27
噬菌体的检测

【目的和要求】

1. 了解噬菌体与宿主菌的相互关系及其噬菌体检测的原理。
2. 学习与掌握噬菌体的分离与纯化、噬菌体效价的计量单位及测定方法。

【概述】

噬菌体是一类专性寄生于细菌和放线菌等微生物的病毒，其个体形态极其微小。用常规微生物计数法无法测得其数量。

噬菌体的效价即 1mL 样品中所含侵染性噬菌体的粒子数。一般采用双层琼脂平板法进行测定。计量单位是 pfu 和 RTD。pfu 是噬斑形成单位（phages forming unit），表示形成一个噬斑所需有感染能力的最少噬菌体数量，以 pfu/mL 表示。RTD 是常规实验稀释度（routine test dilution），一般以平板上滴加噬菌体的部位刚刚能够出现为噬菌体稀释度。

噬菌体有严格的寄生性，需在活的易感的细菌体内增殖，并能将菌体裂解，噬菌体对相应的细菌有强大的溶菌力和严格的种型特异性，因而可用于细菌的鉴定、分型、检测标本中未知细菌和防治某些疾病。

【实验材料】

1. 样品 污水。

2. 菌种 敏感指示菌（大肠杆菌）、大肠杆菌噬菌体（从阴沟或粪池污水中分离）。

3. 培养基 下层肉膏蛋白胨固体琼脂培养基（含琼脂 2%）、上层肉膏蛋白胨半固体琼脂培养基（含琼脂 0.7%，试管分装，每管 5mL）、两倍肉膏蛋白胨培养液、1%蛋白胨水培养基。

4. 仪器和用具　恒温培养箱、721 分光光度计、恒温水浴锅、离心机、无菌锥形瓶、无菌培养皿、无菌的试管、移液管（1、5mL）、无菌吸管（0.1、1、10mL）等。

【实验内容】

（一）噬菌体的检查

1. 增殖培养　将 5mL 污水放入灭菌三角瓶中，加入对数生长期的敏感指示菌（大肠杆菌）菌液 3~5mL，再加 20mL 两倍肉膏蛋白胨培养液，30℃振荡培养 12~18h。

2. 离心分离　将上述培养液以 3 000r/min 离心 15~20min，取上清液，用 pH7.0，1%蛋白胨水稀释至 10^{-2}~10^{-3}。

3. 生物测定法

（1）双层琼脂平板法：

① 倒下层琼脂：溶化下层培养基，倒平板（约 10mL/皿）待用。

② 倒上层琼脂：溶化上层培养基，待溶化的上层培养基冷却至 50℃左右时，每管中加入敏感指示菌（大肠杆菌）菌液 0.2mL，待检样品液或上述噬菌体增殖液 0.2~0.5mL，混合后立即倒入上层平板铺平。

③ 恒温培养：30℃恒温培养 6~12h。

④ 观察结果：如有噬菌体，则在双层培养基的上层出现透亮无菌圆形空斑。

（2）单层琼脂平板法：省略下层培养基，将上层培养基的琼脂量增加至 2%，溶化后冷却至 45℃左右，同上法加入指示菌和检样，混合后迅速倒平板。30℃恒温培养 6~16h 后观察结果。

（3）离心分离加热法（快速检查）：取大肠杆菌正常培养液和侵染有噬菌体的异常大肠杆菌培养液，4 000r/min 离心 20min，分别取两组发酵液的上清液（A_1），一部分于 721 分光光度计上测定 OD_{650} 光密度值，另外各取 5mL 上清液于试管中，置水浴中煮沸 2min（A_2），检测 A_2 溶液 OD_{650} 光密度值，记录结果。

（二）噬菌体效价的测定

1. 倒平板　将溶化后冷却到 45℃左右的下层肉膏蛋白胨固体培养基倾倒于 11 个无菌培养皿中，每皿约倾注 10mL 培养基，平放，待冷凝后在培养皿底部注明噬菌体稀释度。

2. 稀释噬菌体　按 10 倍稀释法，吸取 0.5mL 大肠杆菌噬菌体，注入一支装有 4.5mL 1%蛋白胨水的试管中，即稀释到 10^{-1}，依次稀释到 10^{-6} 稀释度。

3. 噬菌体与菌液混合　将 11 支灭菌空试管分别标记 10^{-4}、10^{-5}、10^{-6} 和对照。分别从 10^{-4}、10^{-5} 和 10^{-6} 噬菌体稀释液中吸取 0.1mL 于上述编号

的无菌试管中，每个稀释度做 3 个管，在另外 2 支对照管中加 0.1mL 无菌水，并分别于各管中加入 0.2mL 大肠杆菌菌悬液，振荡试管使菌液与噬菌体液混合均匀，置 37℃ 水浴中保温 5min，让噬菌体粒子充分吸附并侵入菌体细胞。

4. 接种上层平板 将 11 支溶化并保温于 45℃ 的 5mL 上层肉膏蛋白胨半固体琼脂培养基分别加入含有噬菌体和敏感菌液的混合管中，迅速摇匀，立即倒入相应编号的底层培养基平板表面，边倒入边摇动平板使其迅速地铺展表面，水平静置，凝固后置 37℃ 培养。

5. 观察并计数 观察平板中的噬菌斑，并将结果记录于实验报告表格内，选取每皿有 30～300 个噬菌体的平板计算噬菌体效价。计算公式如下：

$$N = \frac{Y}{V \times X}$$

式中　N——效价值；

Y——每皿平均噬菌斑数；

V——取样量；

X——稀释度。

【结果与报告】

（一）噬菌体检查

1. 离心分离加热法的实验结果见表 27-1。

表 27-1　离心分离加热法的实验结果

处理方法	OD_{650}光密度值	
	正常发酵液（对照）	异常发酵液（实验）
离心上清液（A_1）		
离心上清液加热煮沸后（A_2）		
A_2/A_1		

2. 绘出平板上的噬菌斑检测结果，指出噬菌斑和宿主细菌。

（二）噬菌体效价测定

1. 平板上噬菌斑数目见表 27-2。

表 27-2　平板上噬菌斑数目

噬菌体稀释度	10^{-4}	10^{-5}	10^{-6}	对照
噬菌斑数/（个/皿）				
平均每皿噬菌斑数目				

2. 计算噬菌体效价（即噬菌斑形成单位 pfu）。

【思考题】

1. 有哪些方法可以检测噬菌体的存在？比较其优缺点。

2. 测定噬菌体效价的原理是什么?

3. 要提高测定的准确性应注意哪些操作?

实验28

食品中霉菌的计数及
生物量的测定

【目的和要求】

1. 学习与掌握测定食品中霉菌数量的基本原理及其操作方法。

2. 掌握测定霉菌生物量的操作方法。

【概述】

稀释平板菌落计数法是将待测定的微生物样品按比例作一系列的稀释后,再吸取一定量某几个稀释度的菌液于无菌培养皿中,倒入培养基,立即摇匀。经培养后,将各平板中计得的菌落数乘以稀释倍数,即可测知单位体积的原始菌样中所含的活菌数。稀释平板菌落计数法既可定性又可定量,所以既可用于微生物的分离纯化,又可用于微生物的数量测定。霉菌和细菌计数均可采用此方法,区别只在于霉菌和细菌计数所用培养基不同,霉菌培养基里加入了抑制细菌生长的抗生素,另外霉菌培养所使用的温度亦不同于细菌培养。

霉菌的生物量可以通过测定霉菌菌体的湿重和干重得出。从微生物的培养物中收集菌体称重为菌体的湿重,经烘干后称重为菌体的干重。

【实验材料】

1. 菌种　霉菌。

2. 培养基及试剂　马丁孟加拉红-链霉素琼脂培养基,灭菌生理盐水。

3. 仪器及用具　恒温培养箱、电热干燥箱、振荡器、天平、无菌锥形瓶、无菌试管、无菌吸管 (1、10mL)、酒精灯、载玻片、盖玻片、广口瓶、牛皮纸袋 (121℃灭菌 20min)、试管架、接种针、橡皮乳头、金属刀 (或勺)、定量滤纸、无菌培养皿等。

【实验内容】

(一) 食品中霉菌的计数

1. 采样　首先准备好已灭菌的容器和采样工具,如灭菌牛皮纸袋或广口瓶、金属刀/勺等。在卫生学调查基础上,采取有代表性的样品。采样后应尽快检验，否则应将样品放在低温干燥处。

粮食（包括粮库贮粮，粮店或家庭小量存粮）样品的采集，可根据粮囤或粮垛的大小类型，分层定点取样，一般可分为三层五点，或分随即采取不同点的样品，充分混合后，取500g左右送检。小量存粮使用金属小勺采取上中下各部位的混合样品。

海运进口粮的采样为每一船舱采取表层、上层、中层及下层4个样品，每层从五点取样混合，如船舱盛粮超过10 000t，则应加采一个样品。必要时采取有疑问的样品送检。

谷物加工制品（包括熟饭、糕点、面包等）、发酵食品、乳及乳制品以及其他液体食品，用灭菌工具采集可疑霉变食品250g，装入灭菌容器内送检。

2. 编号 取4只盛有9mL无菌生理盐水的试管，依次标记10^{-1}、10^{-2}、10^{-3}、10^{-4}，再取无菌平板8套，仍然标记10^{-1}、10^{-2}、10^{-3}、10^{-4}（每个稀释度做两个平板）。

3. 稀释菌液 以无菌操作取检样25g固体样（或25mL液体样），放入盛有225mL无菌生理盐水的500mL玻塞三角瓶中，振荡30min，即为1∶10稀释液。用灭菌吸管吸取1∶10稀释液10mL，注入10^{-1}试管中，另取一支带橡皮乳头的灭菌吸管反复吹吸多次，使霉菌孢子充分散开。取10^{-1}稀释液1mL注入含有9mL灭菌生理盐水的10^{-2}试管中，另换一只1mL灭菌吸管吹吸几次，此液为10^{-2}稀释液。按上述操作顺序做10倍递增稀释，每稀释一次，换一只1mL灭菌吸管，根据对样品污染情况估计，选择3个适合的稀释度（一般情况做10^{-2}、10^{-3}、10^{-4}这几个稀释度），各吸取1mL稀释液于灭菌平板中，每个稀释度做3个平行样。

4. 倒平板、培养 菌液加入平板后立即倒入溶化并冷却至50℃左右的马丁孟加拉红-链霉素琼脂培养基，倒入量为10～15mL，随即快速而轻巧地晃动平板，使菌液和培养基充分混匀后平置，待琼脂凝固后，倒置，25～28℃恒温培养，第3天开始计数，共培养观察5d。

5. 计数菌落 取出平板，选取菌落数在10～150的平板进行计数。菌落平均数乘以稀释倍数即为每克（毫升）检样中所含霉菌数。计数过程中可用记号笔在平板底点涂菌落进行计数，以防漏计和重复。

6. 清洗平板 将计数后的平板在沸水中煮30min后清洗晾干。

（二）霉菌生物量的测定

将霉菌接种于适宜液体培养基中，28℃振荡培养5～7d，取定量滤纸两张（质量、大小相同），分别称重（a_1和a_2）。取其中一张定量滤纸（a_1）将霉菌培养物进行过滤，收集菌体，沥干后称重（b），然后置于80℃干燥箱中烘干至恒重（c）。取另一定量滤纸（a_2），用滤液润湿，沥干后称重（d）。

$$菌体的湿重＝（b-a_1）-（d-a_2）$$
$$菌体的干重＝c-a_1$$

【结果与报告】

1. 将各平板计数结果记录于表28-1中。

表 28 - 1 各平板计数结果

稀释倍数	平板菌落数			平均数
	X_1	X_2	X_3	
10^{-2}				
10^{-3}				
10^{-4}				

活菌数的公式如下：

$$活菌数（cfu/mL）= \frac{X_1 + X_2 + X_3}{3} \times 稀释倍数$$

2. 记录培养液中霉菌菌体的湿重和干重。

【思考题】

测定霉菌数量时为什么要在培养基加入孟加拉红和链霉素？

实验29

饲料中霉菌的计数

【目的和要求】

掌握饲料中霉菌培养和计数的原理及方法。

【概述】

目前饲料微生物分析中，采用的基本方法是稀释分析法，即先将试样用无菌水（或无菌稀释液）混合、振摇，制成定量稀释的菌悬液，再用无菌水（或无菌稀释液）逐渐稀释，然后定量进行平板培养。这样可以获得单独生长的菌落，便于菌量的计数和菌种鉴定。

本实验对常规饲料，如全价配合饲料或饲料原料中的霉菌进行培养计数测定。

为了准确计算微生物菌落数，一般要求每个培养平板上的菌落数范围在 $10 \sim 150$，因此，样品需制备成不同稀释度的菌液。各类菌的稀释度因菌源、环境条件而异。在培养计数时，还应考虑各种微生物的不同特性，避免样品中各类微生物之间的相互干扰，因此通常在培养霉菌的培养基中添加抗生素以抑制细菌的生长，或用选择性培养基培养某类特定的微生物。

霉菌可在有氧及 $22 \sim 25℃$ 条件下含有抗生素的马铃薯葡萄糖培养基中生长，而大多数细菌在有抗生素的条件下受到抑制。

【实验材料】

1. 检样 饲料样品。

2. 试剂与培养基 浓度为 5 000IU/mL 的链霉素母液、稀释用无菌生理盐水、升汞、浓盐酸、马铃薯葡萄糖培养基等。

3. 仪器及用具 50℃恒温水浴箱、恒温培养箱（25℃和37℃）、菌落计数器、培养皿、移液器、三角瓶、试管、剪刀、烧杯、玻璃棒等。

【试验内容】

1. 样品采集和实验准备

（1）测定饲料中的霉菌时，要采集代表性样品或最可能受霉菌污染部位的样品 20g。

（2）样品稀释液：无菌生理盐水中加入链霉素，使链霉素的最终浓度应为50IU/mL，盐水用量根据实验而定。

（3）在已灭菌并冷至 50℃左右的马铃薯葡萄糖培养基中添加链霉素母液，使链霉素最终浓度为 50IU/mL，轻轻混匀，并置于 50℃恒温水浴中待用。

2. 操作步骤

（1）样品制备：准确称取 10g 饲料样品，置于盛有 90mL 含链霉素生理盐水的三角瓶中（10^{-1}稀释）。样品在磁力搅拌器上低速搅拌 2min。

（2）样品稀释：用无菌移液管从上述样品液中取 1mL 加入盛有 9mL 样品稀释液的试管内，混匀制成样品的 10^{-2} 稀释液，同样方法制备 10^{-3}、10^{-4}、10^{-5} 及以上的稀释液，选择 3 个连续的样品稀释度，每个稀释度，用无菌移液管各取 3mL，分别放在 3 个无菌平皿中，每皿 1mL，即每个稀释度重复 3 个平皿，共做 9 个平皿。实验采用的稀释度要根据饲料中霉菌数量情况而定，一般以稀释样品培养后一个平皿中菌落总数为 10～150 为宜。

（3）培养：每个平皿中，倾注 15～20mL 上述预备好待用的含链霉素的马铃薯葡萄糖培养基，并立即在平面上轻轻混匀，待凝固后倒置，分别标明相应稀释度、时间、组别等，置 22～25℃恒温箱中培养 5d 进行菌落计数。如果有大量霉菌生长，则可在 3d 计数。

（4）计数：经培养后，选择菌落数在 10～150 范围内的平皿，用菌落计数器计算每一块平板上的所有菌落数，记录每块平板的菌落数和稀释度。

（5）计算：

① 计算该稀释度 3 个平板的平均菌落数。

② 计算每克样品中的霉菌数，即平均菌落数乘以稀释度倒数，如 10^{-2} 稀释度则乘以 10^2。

【思考题】

1. 霉菌培养的注意事项有哪些？
2. 菌落计数的方法有哪些？

实验30

细菌生长曲线的测定

【目的和要求】

1. 学习用比浊法测定细菌数量的方法及测定原理。
2. 通过细菌数量的测定了解细菌生长曲线特点。

【概述】

在合适的培养条件下、封闭的培养环境中对细菌进行培养，既不补充营养物质也不移去培养物质。以培养时间为横坐标，以细菌数为纵坐标所绘制的曲线称为该细菌的生长曲线。生长曲线反映细菌在整个培养期间细菌数的变化规律，间接反映出细菌生长繁殖的规律。对于人们根据不同的需要，有效地利用和控制细菌的生长具有重要意义。

由于光线通过细菌悬浮液时，部分光线被细菌散射和吸收，所以细菌悬浮液浓度与光密度（OD 值）成正比，因此可利用分光光度计测定菌悬浮液的光密度来测定细菌的浓度。本实验利用分光光度计进行光电比浊，测定不同培养时间细菌悬浮液的 OD 值，绘制细菌生长曲线。

【试剂与器材】

1. **菌种**　大肠杆菌。
2. **培养基**　肉膏蛋白胨培养基。
3. **仪器和其他用品**　722S 型分光光度计、水浴振荡摇床、无菌试管、无菌吸管、三角烧瓶等。

【实验内容】

1. **标记编号**　取 11 支无菌玻璃试管，用记号笔分别标明培养时间，即 0、1.5、3、4、6、8、10、12、14、16 和 20 h。

2. **接种培养**　取 5 mL 经过夜培养的大肠杆菌培养液加入 100 mL 肉膏蛋白胨培养基的三角烧瓶内。混合均匀后，取 5 mL 大肠杆菌悬液加入到上述作标记的 11 支试管中。接种后的试管在 37℃培养箱内振荡培养（振荡频率 250 r/min），然后依次按照标记编号相对应的时间取出试管，立即放 4℃冰箱中保存，待培养结束后一起用分光光度计进行 OD 值的测定。

3. **比浊测定**　用未接种的肉膏蛋白胨培养基作空白对照，在分光光度计上选用 600 nm 波长调节零点。按照培养时间顺序，从 0 h 的培养液开始依次测定。对浓度大的细菌悬液用未接种的牛肉膏蛋白胨液体培养基进行适当稀释后测定，使其 OD 值在 0.10～0.65 以内，经稀释后测得的 OD 值要乘以稀释倍数。

【结果】

1. 将测定的 OD 值填入表 30-1。

表 30-1　细菌培养液 OD 值测定结果

培养时间/h	对照	0	1.5	3	4	6	8	10	12	14	16	20

2. 以表 30-1 中的时间为横坐标，OD_{600} 值为纵坐标，绘制大肠杆菌的生长曲线。

【思考题】

1. 为什么可用比浊法来表示细菌的相对生长状况？
2. 生长曲线中为什么会有稳定期和衰退期？
3. 根据实验结果，谈谈如何缩短细菌培养时间。

实验31

细菌素产生菌的筛选及效价测定

【目的和要求】

1. 学习产细菌素等抑菌物质的菌株筛选方法。
2. 掌握细菌素效价测定的方法。

【概述】

细菌素是细菌通过核糖体合成机制形成的一类对同种或同源的细菌具有抗菌活性的多肽或蛋白质，产生菌对其具有免疫性。

1. 细菌素产生菌的筛选方法　细菌素产生菌的方法有很多，大多数方法是基于细菌素可以在固体或半固体培养基上的扩散，从而抑制敏感指示菌的生长，在培养基上形成透明圈。

点种法：受试细菌素产生菌点种在固体培养基上培养过夜以形成单个菌落，然后在菌落上平铺一层敏感的指示菌后再培养至形成抑菌圈。

翻转法：先将受试菌接种于培养基表面，培养后将培养基琼脂翻转过来倒置于培养皿盖上，接种指示菌后培养观察。

打孔扩散法（well-diffusion）：将受试菌的液体培养的上清液置于已预先接种指示菌的固体培养基，在受试菌的孔或菌落周围出现透明的指示菌抑菌圈的阳性结果，即可以认为是细菌素产生的标志。

牛津杯法：是抑菌实验方法中最常用的、最方便的方法，也称为管碟法，其原理是参照抗生素抑菌效价的测定，本实验即采用此方法。

细菌素并不是唯一能导致产生透明抑菌圈的抑菌物质，干扰因素也有可能是有机酸（主要是乳酸）、过氧化氢等。有时候，噬菌体也是一个可能导致产生抑菌圈的因素。pH 中和、接触酶处理产生菌的培养上清液可以相应地排除由乳酸和过氧化氢引起的可能抑菌作用。

2. 细菌素活性效价检测　细菌素的效价检测通常采用标准稀释点种法（critical dilution spot test）。该方法是将系列稀释的细菌素样品与指示菌培养液混合，在适宜条件下培养一定时间，以指示菌的生长程度作为拮抗活性的度量。细菌素的活力单位，通常称为 AU（activity unit）或 BU（bacteriocin unit），一般人为规定为能产生明显抑菌圈的最高稀释度的倒数。细菌素活力单位数则用来表示 1mL 细菌素溶液中的细菌素的量。

管碟法是国际上测定抗生素效价的最常用方法，其原理是利用抑菌物质在琼脂培养基内的扩散作用，将已知效价的标准样品和待测样品的溶液分别加入实验菌平板上的牛津杯中，结果在细菌素抑菌浓度范围内，实验菌不生长，出现透明的抑菌圈。细菌素含量的对数值与抑菌圈半径的平方呈直线关系，根据待测品的抑菌圈的大小，可从标准曲线上求出待测品抑菌素的效价。

【实验材料】

1. 菌种　产细菌素菌株为受试菌，敏感菌株为指示菌。

2. 培养基及试剂　MRS 液体培养基和固体培养基（1.5% 琼脂）、0.02mmol/L 的 PBS 缓冲液（Na_2HPO_4/NaH_2PO_4）pH7.0。

3. 仪器及用具　牛津杯（不锈钢管，内径 6mm，外径 8mm，高 10mm）/平板（直径 90mm，深 20mm，大小一致，底部平坦）、移液枪、游标卡尺、尖镊子。

【实验内容】

（一）敏感指示菌的制备

将敏感指示菌在适宜的液体培养基上活化，新鲜培养过夜，取 $100\mu L$ 置于 10mL 生理盐水中，稀释到一定浓度（约 10^8 cfu/mL）。

（二）抑菌实验

先将 6mL MRS 固体培养基平铺于平板中，置于水平台面上静置凝固，取稀释至约 10^8 cfu/mL 的新鲜培养的指示菌 0.1mL 与 10mL 溶化并温热的 MRS 固体培养基摇匀，倾倒于平板中。将平板盖打开使无菌空气流通约

0.5h，以利于细菌素的扩散。将牛津杯轻轻放置于平板上，将离心上清液加入牛津杯后 4℃冰箱中扩散 5h，然后 37℃培养 24h 后观察抑菌圈的出现。

（三）细菌素相对标准样品效价的测定

1. 细菌素相对标准样品的稀释　将待测细菌素样品用 0.02mol/L PBS 缓冲液以 2 倍为梯度进行系列稀释，即取 1mL 的样品，加同量的 PBS 缓冲液，再取此 2 倍稀释后的样品 1mL，再加 1mL 的 PBS 缓冲液，即为 4 倍稀释，同理直至 64 倍或 128 倍，分别取各稀释梯度的样品进行抑菌实验。

2. 标准曲线的制作　试管溶液配制方法见表 31-1。

表 31-1　溶液配制表

试管编号	320AU/mL 细菌素液/mL	PBS 缓冲液/mL	细菌素效价/（AU/mL）
1	0.1	0.9	32
2	0.2	0.8	64
3	0.3	0.7	96
4	0.4	0.6	128
5	0.5	0.5	160
6	0.6	0.4	192
7	0.7	0.3	224
8	0.8	0.2	256
9	0.9	0.1	288
10	1.0	0	320

以 5 号试管为中心浓度标准溶液，按上述抑菌实验方法制作平板，在每个平板上以相等间距放置 6 个牛津杯，在相隔的 3 个牛津杯中加入中心浓度标准溶液，另外 3 个牛津杯中加入其他浓度的待测样品。每个样品两个重复平板，然后盖上平板盖，置于 4℃冰箱中扩散 5h，而后 37℃培养 24h 后观察抑菌圈的出现，并用游标卡尺测量各抑菌圈直径。

绘制标准曲线：计算出各浓度样品的抑菌圈平均值，计算出各平板中心浓度样品抑菌圈直径的总平均值，以此总平均值来校正各组的中心浓度抑菌圈平均值，从而求得各组的校正值。然后以各组中心浓度抑菌圈的校正值校正各剂量单位浓度的抑菌圈直径，即获得各组抑菌圈的校正值。以抑菌圈直径为横坐标，以效价的对数值为纵坐标，绘图得效价的标准曲线。

（四）待检品的测定

方法同上述，同样的 2 个平板上 3 个牛津杯中加入中心浓度标准溶液，将待测效价的细菌素液注入另外 3 个牛津杯中，与制作标准曲线的平板同时进行，并乘以稀释倍数即得出待检样品中的细菌素效价。

【注意事项】

1. 加样后的平板必须轻拿轻放，勿使其中的牛津杯移动，否则会影响实验结果的准确性。

2. 细菌素效价分析时必须保证平板中培养基各处厚度均匀一致，以减小实验误差，必要时需要采用水平仪调整超净工作台水平度，并挑选厚度均一的平板。

【思考题】

1. 为何在细菌素加入牛津杯中后要放于冰箱中扩散一定时间？

2. 做抑菌实验时，为何要采用新鲜培养的指示菌细胞？若是老龄细胞，结果会如何？

实验32

细菌淀粉酶和过氧化
氢酶定性检测

【目的和要求】

通过对淀粉酶和过氧化氢酶的定性测定，加深细菌分泌的胞外酶及其作用的感性认识。

【概述】

细菌淀粉酶能将遇碘呈蓝色的淀粉水解为遇碘不显色的糊精，并进一步转化为糖，淀粉被酶催化分解后用碘检测不到其变色现象；过氧化氢酶能将过氧化氢快速分解为水和氧气，能用肉眼很容易的观测到产生的气泡。

【实验材料】

1. **器具**　试管、试管架、培养皿、接种环。
2. **培养基**　牛肉膏蛋白胨培养基、淀粉琼脂培养基（见附录 2）。
3. **试剂**　淀粉溶液（0.2%，质量分数）、革兰氏碘液、过氧化氢溶液

（10%）。

4. 菌种 枯草芽孢杆菌（*Bacillus subtilis*）和大肠杆菌（*Escherichia coli*）。

【实验内容】

1. 细菌淀粉酶在固体培养基中的扩散实验

（1）将肉膏胨淀粉琼脂培养基加热溶化，待冷至 45℃左右倒入无菌培养皿内（每皿约 15 mL），共倒 3 个，静置待冷凝后放置 37℃恒温箱中检菌 24h，无污染，备用。

（2）在无菌操作条件下，用接种环分别挑取枯草杆菌、大肠杆菌和活性污泥各一环分别在 3 个平板上点种 5 个点。倒置于 37℃恒温箱内培养 24～48 h。

（3）观察结果，取出平板，分别在 3 个平板内菌落周围滴加碘液，观察菌落周围颜色的变化。若在菌落周围有一个无色的透明圈，说明该细菌产生淀粉酶并扩散到基质中去。若菌落周围仍为蓝色，说明该细菌不产生淀粉酶。

2. 过氧化氢酶的定性测定

（1）将配备的枯草杆菌和大肠杆菌斜面各 1 支放在试管架上。

（2）用滴管吸取过氧化氢滴入两管菌种斜面上，有气泡产生的为接触酶阳性（有过氧化氢酶）；无气泡产生的为接触酶阴性（无过氧化氢酶）。

3. 实验结果 把所观察到的现象记录下来，进行分析，说明原因。

【思考题】

1. 淀粉酶定性测定中对照应呈什么颜色？为什么？
2. 菌落平板中滴加过氧化氢溶液后呈什么现象？说明什么问题？

实验33

空气中微生物的测定

【目的和要求】

1. 了解空气中微生物的分布状况，学习空气采样方法。
2. 掌握空气中微生物的检测方法，了解不同环境空气中微生物的种类和数量。

【概述】

空气中微生物含量多少可以反映所在区域的空气质量，是空气环境污染的一个重要参数，评价空气的清洁程度，需要测定空气中的微生物的种类和数量。测定的细菌指标有细菌总数和绿色链球菌，在必要时还需测定病原微生物。

【实验材料】

电炉、自制采样器、培养箱、超净工作台、培养皿、三角瓶、棉塞、封口膜、纱布、标签纸、吸管、灭菌水 1 000 mL 等。

【实验内容】

(一) 实验前的准备

配制牛肉膏蛋白胨培养基、PDA 培养基、高氏 1 号培养基各 1 000 mL（培养基配制见附录 2），灭菌后制备平板，并标记好培养基类型。注意在倒真菌培养基（PDA）之前先在平皿中加入适量的链霉素液，在倒高氏 1 号培养基前加入适量的重铬酸钾液，细菌培养基可直接倒入，制成平板。

(二) 检测方法

1. 沉降法　在实验室的四角及中央采取 5 个点，每个点放 5 个平皿，其中真菌、细菌各两个，一个为对照（皿盖不打开）。暴露时间设为 5 min 和 10 min，盖好平皿并用封口膜封好后，作好标记，将标记为真菌的平皿置于 26～28℃下培养 2～3 d，标记为细菌（或放线菌）的置于 37℃下培养 48 h。计数平板上的菌落，观察各种菌落的形态、大小、颜色等特征。空气中的微生物数量的计算方法根据 Omeilianski 公式，如果平板培养基的面积为 100 cm²，在空气中暴露 5 min，于 37℃下培养 24 h 后长出的菌落数，相当于 10 L 空气中的细菌数。即：

$$X = \frac{T \times 100 \times 100}{A}$$

式中　X——每立方米空气中的微生物数量；
　　　　A——平皿的表面积（cm²）；
　　　　T——培养皿在空气中的暴露时间（min）。

此公式是根据 100 cm² 的表面积在空气中暴露 5 min 的菌落数相当于 10 L 空气中的菌落数来估算的，并不能代表真实空气的数量，应该比实际菌落数少。

注意事项：在野外暴露取样时，应选择背风的地方，否则会影响取样效果；根据空气污染程度确定暴露时间，如果空气污浊，暴露时间可适当缩短。

2. 过滤法　实验装置可参照图 33-1 自行研制。旋开蒸馏水瓶的水龙头，使水缓缓流出。外界空气经喇叭

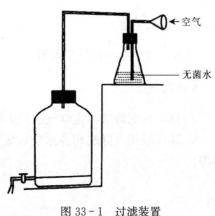

图 33-1　过滤装置

（空气　无菌水）

口进入三角瓶中，待约 4 L（视容器大小）水流尽后，4 L 空气中的微生物补滤在 50 mL 无菌水（吸附剂）内；从三角瓶中吸取 1mL 水样放入无菌培养皿中，每皿倾入 12～15 mL 已溶化并冷却至 45℃左右的牛肉膏蛋白胨培养基、PDA 培养基及高氏 1 号培养基中，每处理至少重复 9 皿，混凝后，标记处理代号，分别置 28～30℃下培养 48 h 和 37℃下培养 24 h，按下述公式计算培养皿中的菌落。

$$每升空气中细菌数（个）= \frac{每皿菌落的平均数 \times 50}{4}$$

注意事项：仔细检查滤过装置，防止漏气；水龙头中的水流不宜过快，否则会影响滤过效果。

（三）计算结果的比较及评价

计算结果的比较及评价参照表 33 - 1 和表 33 - 2。

表 33 - 1　空气卫生状况标准

场所	畜舍	宿舍	城市街道	市区公园	海洋上空	北纬 80°
微生物数量/个	（1～2）$\times 10^6$	2×10^4	5×10^3	200	1～2	0

表 33 - 2　空气清洁度的评价标准

清洁程度	细菌总数
最清洁的空气（有空调）	1～2
清洁空气	<30
普通空气	31～125
临界环境	～150
轻度污染	<300
严重污染	>301

【实验报告】

计算空气中微生物数量及种类，评价环境空气的卫生状况。

【思考题】

1. 试分析沉降法测定空气中微生物数量的优缺点。

2. 试比较用沉降法和滤过法测定空气中的微生物数量的异同点，并分析原因。

实验34

发光细菌毒性实验

【目的和要求】

1. 了解发光细菌毒性实验的基本原理。
2. 学习应用发光细菌毒性实验检测被测毒物毒性的方法。

【概述】

明亮发光杆菌（*Photobacterium phosphoreum*）T_3 小种具有发光能力，其发光反应如下：

$$FMNH_2 + O_2 + R-CO-H \xrightarrow{\text{细菌荧光酶}} FMN + R-COOH + H_2O + 光$$

其发光要素是活体细胞内的荧光素（FMN）、长链醛和荧光酶。在遇到有毒物质时，发光细菌的发光能力减弱，衰减程度与有毒物质的毒性和浓度成一定的比例关系。通过灵敏的光电测定装置，可检查发光细菌受毒物作用时发光强度的变化，进而度量被测物毒性的大小。

【实验材料】

1. 样品　工业废水。

2. 仪器　DXY-2型微生物毒性测试仪。

3. 试剂　2%NaCl溶液，3% NaCl溶液，冻干发光菌剂。

4. 其他用品　刻度吸管（1 mL），定量加液器（移液枪）5 mL、1 000 μL各一支。

【实验步骤】

1. 水样预处理

（1）如果不需要测定水样的有效浓度（EC_{50}），则可直接测定水样的毒性，而不必对水样作稀释处理。

（2）如果需要测定水样的 EC_{50}，则需先用 3% NaCl 溶液将水样稀释成如下百分浓度：100%、80%、60%、40%、20%（适用于毒性小的水样）。

2. 菌剂复苏　从冰箱（2~8℃）中取出 2% NaCl 溶液和冻干菌剂，吸取 1 mL 2%NaCl 溶液，放入冻干菌剂瓶内，摇匀，在冰箱内放置 2 min，即可恢复菌剂发光。

3. 样品测定　在室温下，用定量加液器在各试管中加入 1 mL 3% NaCl

溶液，10 μL 菌液（每30 s 加一管），加塞，颠倒3次混匀。从第一支试管加入菌液开始计时，10 min 后，按原来加入菌液的次序测定各管的初始发光度，对照管的测定值记作 CK_0，样品管的测定值记作 S_0。在室温下，按原来加入菌液的次序，在对照管中加入 1 mL 3‰ NaCl 溶液，在样品管中加入 1 mL 各种浓度的稀释液，加塞，颠倒3次混匀。拔塞，准确反应 15 min。按原次序测定各管的剩余发光度。

4. 数据记录与处理

（1）计算相对剩余发光度：

$$BR = \frac{CK_{15}}{CK_0}$$

式中 BR——空白比（此值以接近 0.5 为佳）；

      CK_0——0 min 对照管读数；

      CK_{15}——15 min 对照管读数。

$$S_0^* = S_0 BR$$

式中 S_0^*——经过校正的初始发光度；

      S_0——0 min 样品管读数。

$$T = \frac{S_{15}}{S_0^*}$$

式中 T——相对剩余发光度；

      S_{15}——15 min 样品管读数。

（2）计算 EC_{50}：算出各样品稀释浓度 C 所对应的 T 值，建立 T 与 C 之间的回归方程。

$$T = A + BC$$

设：$T = 50$，代入方程，算出 C 即为 EC_{50}。判断毒性等级见表 34-1。

表 34-1   毒性等级划分标准

$EC_{50}/\%$	毒性级别	等级
<25*	剧毒	1
25~75*	有毒	2
75~100*	微毒	3
>100*	无毒	4

*：废水稀释百分浓度。

注意事项：开瓶后，发光细菌菌剂应一次用完；测定时，不可混淆各管读数的顺序。

【思考题】

1. 发光细菌毒性实验的原理是什么？

2. 影响发光细菌毒性实验的关键因素是什么？

实验35

Ames 致突变实验

【目的和要求】

1. 了解 Ames 实验检测诱变剂和致癌剂的基本原理。
2. 学习 Ames 实验检测诱变剂和致癌剂的方法。

【概述】

癌症是威胁人类生命最严重的疾病之一，如何快速确认饮水、食品和药物等对人畜的安全性仍是人类面临的难题之一。Ames 实验是目前公认的检测诱变剂与致癌剂的最灵敏与快速的常规检测法之一。基本原理是利用一系列鼠伤寒沙门氏菌（*Salmonella typhimurium*）的组氨酸营养缺陷型（his^-）（表 35-1）菌株不能合成组氨酸，故在缺乏组氨酸的培养基上，仅少数自发回复突变的细菌生长。若有致突变物存在，则营养缺陷型的细菌回复突变成原养型，因而能生长形成菌落，据此判断受试物是否为致突变物。而某些致突变物需要代谢活化后才能引起回复突变。

表 35-1　供试菌的遗传特性

菌株	His[1]	Rfa[2]	U. VrB[3]	Bio[4]	R[5]	检测突变型
TA1535	—	—	—	—	—	置换
TA100	—	—	—	—	+	置换
TA1537	—	—	—	—	—	移码
TA98	—	—	—	—	+	移码
S-CK 野生型	+	+	+	+	—	无突变

注：—为缺失或缺陷；+为正常或含有。1～5 分别为：组氨酸/脂多糖屏障/紫外修复/生物素/耐药因子。

【实验材料】

1. 仪器　培养箱、恒温水浴、振荡水浴摇床、压力蒸汽消毒器、干热烤箱、低温冰箱（−80℃）或液氮生物容器、普通冰箱、天平（精密度 0.1 g 和 0.000 1 g）、混匀振荡器、匀浆器、菌落计数器、低温高速离心机、移液器、高速冷冻离心机。

2. 器皿及用具　培养皿、试管、紫外灯（15W）、滤纸、安瓿瓶、剪刀、镊子、解剖刀、注射器。

3. 试剂　黄曲霉素 B_1、0.85％生理盐水、0.15 mol/L 氯化钾、亚硝基胍（NTG）。

4. 菌种　鼠伤寒沙门氏菌（*Salmonella typhimurium*）TA100，野生型 S-CK（对照菌株）。

5. 待测样品　致癌性化工厂排放液。

6. 培养基（液）

顶层培养基（250 mL）：琼脂粉（优质）0.6 g，氯化钠 0.5 g，蒸馏水 90 mL，加热溶化后定容，然后加入 10 mL 组氨酸-生物素混合液，摇匀后分装小试管 80 支，每支 3 mL，110℃灭菌 20 min。

底层琼脂培养基（1 000 mL）：琼脂粉（优质）12 g，蒸馏水 1 000 mL，柠檬酸 2 g，$K_2HPO_4 \cdot 3H_2O$ 3.5 g，$MgSO_4 \cdot 7H_2O$ 0.2 g，葡萄糖 20 g，pH7.0，110℃灭菌 15 min。

牛肉膏蛋白胨培养液（500 mL）、牛肉膏蛋白胨培养基（450 mL）（配制方法见附录2）。

鼠肝匀浆（S-9 上清液）：选取成年健壮白鼠 3 只（每只体重约 300 g）。按 500 mg/kg 一次腹腔注射五氯联苯玉米油配制成的溶液（质量浓度为 200 mg/mL 的五氯联苯溶液 2.5 mL），以此提高酶系的活性。注射 5 d 后将 3 只白鼠杀死取肝脏（杀前 24 h 应禁食），合并称重，用冷的 0.15 mg/L KCl 溶液洗涤 3 次。将洗净肝剪碎，按 1 g 肝（鲜重）加 0.15 mol/L KCl 溶液 3 mL 于匀浆器中制成匀浆，9 000 r/min 高速冻离心 10 min，取出上清液备用，此即 S-9 上清液。将肝匀浆上清液分装安瓿管（每管 1～2 mL），液氮速冻，−20℃冷冻保藏备用。使用时先在室温下溶化，并置冰中冷却与低温下无菌操作，再按下法配制 S-9 混合液。一切操作均应在低温（0～4℃）下进行，以防酶系失活及污染。

鼠肝匀浆混合液（S-9 混合液）：取 2 mL S-9 加入 10 mL NADP（辅酶Ⅱ）和 G-6-P（葡萄糖-6-磷酸）溶液（将此两种溶液室温溶化后现配现用），混合液置冰浴中，用后多余部分弃去。盐溶液（$MgCl_2$ 8.1 g，KCl 12.3 g，加水至 100 mL），灭菌后备用；NADP 和 G-6-P 溶液（每 100 mL 溶液含 NADP 297 mg，G-6-P 152 mg，0.2 mol/L pH7.4 磷酸缓冲液 50 mL，盐溶液 2 mL，加水至 100 mL），细菌过滤（滤膜直径 0.22 μm）除菌，分装为每瓶 10 mL，−20℃保存。

【实验内容】

（一）实验菌株及其生物学特性鉴定

1. 制作菌悬液　从测试菌株 TA100 和对照菌株斜面上各取一环菌种，分别接种于牛肉膏蛋白胨培养液中，37℃培养 16～24 h，离心分离菌体并用生理盐水洗涤 3 次，然后制成菌悬液（浓度 1×10^9～2×10^9 个/mL）。

2. 制作底层平板　将分装于锥形瓶中的下层培养基（不含组氨酸-生物

素）溶化，冷却至 50℃左右，倾入 4 个培养皿内，冷凝后制成底层平板，倒置过夜。

3. 制作上层平板　取 4 支分装氯化钠琼脂培养基（不含组氨酸-生物素）的试管，溶化其中的培养基并冷却至 45℃左右，保温，取 2 支试管各加 0.1 mL 测试菌株悬液，另取 2 支试管各加 0.1 mL 对照菌株悬液，迅速搓匀并倾倒在 4 个制好的底层平板上铺匀，制成上层平板。

4. 添加试剂　用记号笔在 4 个培养皿背面分别标出 A、B、C 三点，翻转培养皿，打开皿盖，在 A 点放置微量组氨酸颗粒，在 B 点滴加 1 小滴组氨酸-生物素混合液，在 C 点不加任何物质作为对照，合上皿盖。

5. 恒温培养　将 4 个培养皿置于 37℃恒温培养箱内培养 48 h。

6. 结果观察　要求对照菌株 S-CK 在 A、B、C 三点都长成菌落，而测试菌株 TA100（组氨酸和生物素双缺陷型）只在 B 点长成菌落，A 和 C 点没有菌落。

（二）样品致突变性的检测

若样品为化工厂的致癌性废液，则 Ames 实验的操作程序如图 35-1 所示。

1. 制备测试菌株悬液　活化 TA100 菌株并制成 $1 \times 10^9 \sim 2 \times 10^9$ 个/mL 菌悬液。

2. 制作底层平板　溶化下层培养基，制作 12 个底层平板，分 4 组（每组 3 个重复），依次标记为 1～4 号。

3. 制作上层平板

（1）溶化 12 管上层培养基，冷却至 45℃左右，每管加 0.1 mL 测试菌悬液，分成 4 组（每组 3 个重复），依次标记为 1～4 号。

（2）在第 1、2 组试管中各加 5 μg/mL 检测样品 0.2 mL（终浓度为每皿 1μg），在第 3、4 组试管中各加 50 μg/mL 检测样品 0.2 mL（终浓度为每皿 10 μg）。

（3）配好 S-9 混合液，并在第 1、3 组试管内各加 0.5 mL S-9 混合液，第 2、4 组试管内不加 S-9 混合液。

（4）将 12 支试管中的各种成分混匀，按组号分别倾倒在 12 个制好的底层平板上，制成上层平板。

4. 恒温培养　将培养皿置于 37℃恒温培养箱内培养 48 h。

5. 结果观察　记录各培养皿上的回变菌落数（诱变菌落数），并算出两个重复的诱变菌落平均数（R_t），由于实验中设 2 种浓度，因此有 2 个平均数用于评估菌落突变率。

（三）对照设计

1. 自发回复突变对照　实验操作与样品检测相同（设 2 个重复），在上层平板中只加 0.1 mL 菌悬液和 0.5 mL S-9 混合液，不加样品液。经 37℃恒温培养 48 h 后，在底层平板上长出的菌落即为该菌自发回复突变后生成的菌落。记录各培养皿上的自发回复突变菌落数，并算出两个重复的自发回复突变菌落平均数（R_c），用于评估菌落突变率。

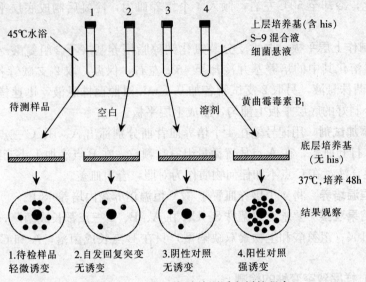

图 35-1　Ames 实验检测诱变剂的程序

2. 阴性对照　为了排除样品所呈现的 Ames 实验阳性与配制样品液所用的溶剂有关，需以配制样品用的溶剂（例如水、二甲基亚砜、乙醇等）做平行实验（阴性对照实验，设 2 个重复）。

3. 阳性对照　为了确认 Ames 实验的敏感性和可靠性，则需在检测样品的同时，检测一种已知具有突变性的化学物质（如黄曲霉毒素 B_1），作为平行实验（阳性对照实验，设 2 个重复）。

(四) 结果评估

根据样品所致的诱变菌落平均数（R_t）和自发回复突变菌落平均数（R_c），可按下式算出菌落突变率：

突变率（MR）＝每皿诱变菌落平均数（R_t）/每皿自发回复突变菌落平均数（R_c）

当突变率大于 2 时，可直接判定样品 Ames 实验阳性。当突变率小于 2 时，则需考虑样品中的被检物浓度，若被检物浓度每皿低于 500 μg，必须提高被检物浓度重新检测；若被检物浓度每皿已达到或超过 500 μg，则可判定样品 Ames 实验为阴性。

【注意事项】

在鼠肝匀浆（S-9 上清液）的制备过程中，一切操作均应在低温（0～4℃）无菌条件下进行；为了保证 Ames 实验的可靠性，在检测样品的同时，需作自发回复突变对照、阳性对照和阴性对照实验。

【思考题】

1. 在 Ames 实验系统中，添加 S-9 混合液有什么意义？
2. 实验操作过程中要注意哪些事项？

实验36

不含氮有机物的微生物降解

【目的和要求】

1. 了解微生物分解纤维素的原理及过程。
2. 掌握纤维素的微生物好氧和厌氧分解条件及差异。

【概述】

纤维素是地球上最丰富的有机物质，也是主要的不含氮有机物质。纤维素由 β-葡萄糖聚合而成，性质非常稳定。在通气良好的土壤中，纤维素可被细菌、放线菌和霉菌分解，先形成纤维二糖、葡萄糖等中间产物，再彻底分解成 CO_2 和水。细菌中噬纤维菌科（Cytophagaceae）和堆囊黏菌科（Polvangiaceae）的一些属具有较强的纤维素分解能力。在实验室中，经常以纤维滤纸为基质，通过液体培养或固体培养来测定好氧微生物对纤维素的降解能力。

在厌氧条件下，分解纤维素的微生物主要是梭菌，如产纤维二糖芽孢梭菌（*Clostridium cellobioparum*）、嗜热纤维芽孢梭菌（*Clostridium thermocellum*），产物是有机酸、醇类以及甲烷和 CO_2 等。在实验室中，一般采用液体培养基来测定厌氧微生物对纤维素的降解。若滤纸条被分解后发生断裂或失去原有物理性状，便判定该厌氧微生物具有分解纤维素的能力。

【实验材料】

1. 样品　菜园土、水稻土。

2. 培养基　纤维素好氧分解固体培养基、纤维素厌氧分解菌培养基（配制方法见附录2）。

3. 染色液　石炭酸复红染色液。

4. 仪器　显微镜。

5. 其他用品　香柏油、二甲苯（或乙醚：酒精＝1：1）、擦镜纸、载玻片、盖玻片、吸水纸、酒精灯、接种环、镊子、无菌培养皿、直径 9 cm 的无菌滤纸、尼龙纸、橡皮圈等。

【实验内容】

（一）纤维素的好氧分解

1. 制作平板　取已溶化的纤维素好氧培养基倒入无菌培养皿中，制成平板。

2. 放置滤纸 用镊子取无菌滤纸 1 张，放入已凝固的琼脂平板上，紧贴，使滤纸表面湿润。

3. 加放土粒 用镊子取肥沃菜园土 10 余粒，均匀排在滤纸表面，进行接种。

4. 恒温培养 放入培养箱，28～30℃条件下培养 7～10 d。

5. 结果检查 先观察土粒周围有无黄色、棕色等色斑出现，土粒周围滤纸有无破碎变薄现象。用解剖针从带有色斑处挑取少许滤纸至载玻片上，涂片，固定，染色，在油镜下观察并绘图。

（二）纤维素的厌氧分解

1. 接种 以接种铲取水稻土少量，接种在装有滤纸条的纤维素深层培养液中，套上试管套，再用尼龙纸和橡皮筋将管口扎紧。

2. 培养 在 35～37℃条件下培养 10～15 d。

3. 目检 取出试管，观察培养液中滤纸条有无被分解而透空的地方，如果滤纸上有空洞或滤纸边缘有破碎现象，表示厌氧纤维分解菌已大量繁殖，否则应继续培养。

4. 镜检 用接种环从发酵液滤纸破碎处取菌液一环至载玻片上，涂片，固定，染色，在油镜下观察并绘图。

【注意事项】

1. 在纤维素的好氧分解实验中，出现变色斑后，应尽早观察菌体形态。若需分离菌种，可从变色斑处取样，接种到新的滤纸培养基上。

2. 在纤维素厌氧分解实验中，必须将滤纸浸于培养基的深层。

【思考题】

1. 在纤维素分解实验中，为什么滤纸会变色？

2. 在纤维素培养基中，加滤纸的作用是什么？

3. 在纤维素厌氧分解实验中，厌氧条件是怎样获得的？

实验37

环境因素对微生物生长的影响

【目的和要求】

1. 了解物理因素、化学因素和生物因素对微生物生长的影响。

2. 学习抗菌谱实验和滤纸片法的操作方法。

【概述】

微生物的生命活动是复杂的，其生长繁殖受外界环境因素的影响，包括物理因素、化学因素和生物因素等。环境条件适宜时微生物生长良好，环境条件不适宜时微生物生长受到抑制，甚至导致微生物死亡。

物理因素：如温度、渗透压等，对微生物的生长繁殖产生影响。温度通过影响微生物细胞内蛋白质、核酸等生物大分子的结构与功能，酶的活性、细胞膜的流动性和完整性来影响微生物的生长繁殖，所以温度过高或过低都会影响微生物的生长。微生物细胞膜是一种半透膜，高渗或低渗都会导致水分的流动，等渗溶液适合微生物的生长，高渗溶液可使微生物细胞脱水发生质壁分离，而低渗溶液则会使细胞吸水膨胀，甚至可能使细胞破裂。

化学因素和生物因素：如 pH、化学消毒剂、化学药品等，对微生物抑菌作用或杀菌作用。酸类或碱类（pH）会使蛋白质、核酸等生物大分子所带电荷发生变化，影响其生物活性，甚至导致变性失活，还可以引起细胞膜电荷变化，影响细胞对营养物质的吸收，同时还改变环境中营养物质的可给性及有害物质的毒性。化学消毒剂包括有机溶剂（酚、醇、醛等）、重金属盐、卤族元素及其化合物、染料和表面活性剂等。有机溶剂能使蛋白质变性，是常用的杀菌剂；重金属盐使蛋白质（酶）和核酸变性失活，破坏细胞膜；碘使蛋白质失活，氯使蛋白质氧化变性；低浓度染料通过诱导细胞裂解方式抑制细菌生长；表面活性剂可改变细胞膜透性，也能使蛋白质变性。抗生素通过抑制细菌细胞壁合成，破坏细胞质膜，作用于呼吸链以干扰氧化磷酸化，抑制蛋白质和核酸合成等方式选择性地抑制或杀死微生物。不同抗生素的抗菌谱是不同的，利用滤纸条法可初步测定抗生素的抗菌谱。

【实验材料】

1. 菌种 大肠杆菌、酿酒酵母、金黄色葡萄球菌、盐沼盐杆菌、枯草芽孢杆菌。

2. 培养基 牛肉膏蛋白胨琼脂培养基、牛肉膏蛋白胨液体培养基等。

3. 溶液和试剂 无菌水、青霉素溶液（80 万 IU/mL）、氨苄青霉素溶液（80 万 IU/mL）、2.5%碘酒、5%石炭酸、75%乙醇、0.25%新洁尔灭等。

4. 仪器和其他用品 镊子、无菌吸管、三角涂棒、比色杯、722S 型分光光度计、无菌滤纸条、滴管和无菌滤纸片等。

【实验内容】

1. 温度对微生物生长的影响

（1）将牛肉膏蛋白胨液体培养基分装到 12 个试管中，每管装 4 mL，121℃灭菌 20 min 备用。

（2）接种：各取大肠杆菌、枯草芽孢杆菌、盐沼盐杆菌 0.1 mL 接种于液体培养基，每个菌种接种 4 管，分别标上 20、28、37、45℃ 4 个温度和菌名。

（3）培养：按标记，将试管置于相应温度的摇床中培养 20h，转速为180 r/min。

（4）结果：可以目测或测 OD 值（OD_{600}）判断菌悬液的浓度，以确定 3 种菌在不同温度内的生长情况。

2. 渗透压对微生物生长的影响

（1）配制分别含 1%、10%、20%及 40% NaCl 的肉膏蛋白胨培养基，每个浓度分装 2 管，每管分装 5 mL。121℃灭菌 20 min 备用。

（2）两套不同浓度的肉膏蛋白胨培养基分别接种 0.1 mL 大肠杆菌和 0.1mL 酿酒酵母。

（3）将接种大肠杆菌的试管置于 37℃温箱中培养 24 h，接种酿酒酵母的试管置于 28℃温箱中培养 24 h。

（4）结果可以目测或测 OD 值（OD_{600}）判断菌悬液的浓度。

3. pH 对微生物生长的影响

（1）配制培养基：配制牛肉膏蛋白胨液体培养基，分别调 pH 为 3、5、7 和 9，每种 pH 分装 2 管，每管分装 5mL，共 8 管，121℃灭菌 20 min 备用。

（2）菌悬液制备：大肠杆菌和酿酒酵母用无菌水制备菌悬液。

（3）接种、培养：两套不同 pH 的牛肉膏蛋白胨液体培养基分别接种大肠杆菌和酿酒酵母各 0.1 mL，大肠杆菌试管置于 37℃振荡培养 24～48 h，酿酒酵母试管置于 28℃振荡培养 24～48 h。

（4）结果：可以目测或测 OD 值（OD_{600}）判断菌悬液的浓度。

4. 生物因素（抗生素）对微生物生长的影响

（1）倒平板：用牛肉膏蛋白胨琼脂培养基制成平板，121℃灭菌 20 min 备用。

（2）贴滤纸条：浸入青霉素溶液和氨苄青霉素溶液的无菌滤纸条分别贴在两个平板上。

（3）接种：用接种环分别取金黄色葡萄球菌和大肠杆菌，从滤纸条边缘分别垂直向外划线接种。

（4）培养、观察：将上述平板置于 37℃培养 24 h，观察细菌生长状况并记录。

5. 化学消毒剂对微生物生长的影响

（1）倒平板：将已经灭菌的牛肉膏蛋白胨琼脂培养基冷却到 50 ℃左右后倒平板，注意平皿中培养基厚度均匀，需 3 个平板。

（2）菌液制备：将金黄色葡萄球菌和大肠杆菌分别接种到两个装有 5 mL 的牛肉膏蛋白胨液体培养基，37℃培养 18 h。

（3）涂平板：分别吸取 0.1 mL 金黄色葡萄球菌菌液和大肠杆菌菌液加入上述平板中，用无菌三角涂棒涂布均匀。

（4）标记：将已经涂布好的平板皿底用记号笔划分成 4 等份，分别标明碘酒、石炭酸、乙醇和新洁尔灭。

（5）贴滤纸片：用无菌镊子将已经灭菌的小圆滤纸片分别浸入 2.5%碘

酒、5%石炭酸、75%乙醇、0.25%新洁尔灭溶液中浸湿，然后分别贴在平板相应位置，在平板中央贴上浸有无菌生理盐水的滤纸片作为对照。

（6）培养、观察：将上述平板置于 37 ℃培养 24 h，观察并记录抑（杀）菌圈的大小。

【实验结果】

1. 比较大肠杆菌、枯草芽孢杆菌和盐沼盐杆菌在不同温度条件下生长状况（"－"表示不生长，"＋"表示生长较差，"＋＋"表示生长一般，"＋＋＋"表示生长良好），填入表 37 - 1。

表 37 - 1 结果记录表

	大肠杆菌	枯草芽孢杆菌	盐沼盐杆菌
20℃			
28℃			
37℃			
45℃			

2. 将大肠杆菌和酿酒酵母在不同 NaCl 浓度条件下的生长状况（"－"表示不生长，"＋"表示生长较差，"＋＋"表示生长一般，"＋＋＋"表示生长良好）填入表 37 - 2。

表 37 - 2 结果记录表

	大肠杆菌	酿酒酵母菌
1%		
10%		
20%		
40%		

3. 将大肠杆菌和酿酒酵母在不同 pH 条件下的生长状况填入表 37 - 3（"－"表示不生长，"＋"表示生长较差，"＋＋"表示生长一般，"＋＋＋"表示生长良好）。

表 37 - 3 结果记录表

	大肠杆菌	酿酒酵母菌
pH 3		
pH 5		
pH 7		
pH 9		

4. 记录青霉素和氨苄青霉素对金黄色葡萄球菌和大肠杆菌的抑（杀）菌

效能，并解释其原因。

5. 各种化学消毒剂对金黄色葡萄球菌和大肠杆菌的抑菌（杀菌）作用填入表 37-4。

表 37-4 结果记录表 [抑（杀）菌圈直径/mm]

	金黄色葡萄球菌	大肠杆菌
2.5%碘酒		
5%石炭酸		
75%乙醇		
0.25%新洁尔灭		

【思考题】

1. 举出实际例子说明细菌的最适生长温度和最适生长 pH，并说明是否与实验结果相符。

2. 说明青霉素对大肠杆菌和金黄色葡萄球菌作用机理。

实验38

微生物的诱发突变实验

【目的和要求】

掌握紫外线诱发微生物突变的基本原理和方法。

【概述】

紫外线是常用的物理诱变因素，它能使 DNA 链上相邻的胸腺嘧啶间形成二聚体，阻碍双链的解离、复制和碱基配对，从而诱发基因突变。紫外线照射引起的 DNA 损伤，可由光复活酶的修复作用进行修复，使胸腺嘧啶二聚体裂开恢复原状。为了避免光复活，用紫外线照射处理后的微生物放在暗处培养，操作时应在红光下进行。

【实验材料】

1. **菌种** 枯草芽孢杆菌。

2. **培养基** 淀粉培养基。

3. **溶液和试剂** 碘液、无菌生理盐水、含 4.5mL 无菌水试管。

4. 仪器和其他用品　玻璃涂布棒，血细胞计数板，显微镜，紫外灯（15W），磁力搅拌器，离心机，振荡器等。

【实验内容】

1. 制备菌悬液　取枯草芽孢杆菌 48h 斜面培养物 4～5 支，用 10mL 无菌生理盐水洗下菌苔，倒入无菌大试管，振荡 30s，打散菌块，3 000r/min 离心 10min，弃上清液，用无菌生理盐水洗涤菌体 2～3 次，制成菌悬液，用显微镜直接计数法调整细胞浓度 10^8 个/mL。

2. 紫外线处理　打开紫外灯预热 20min。各取 3mL 菌悬液，分别加入 2套 6cm 无菌平皿中，并放入一根无菌磁力棒。将平皿置于磁力搅拌器上，打开皿盖，在距离 30cm、15W 的紫外灯下分别搅拌照射 1min 和 3min。盖上皿盖，关闭紫外灯。

3. 稀释、涂平板　把照射过的菌悬液用无菌水稀释成 10^{-1} 至 10^{-6}。其中取 10^{-4}、10^{-5}、10^{-6} 稀释液和未经照射的稀释液（对照）各 0.1mL 涂平板，重复 3 个平板。

4. 培养　用黑布或纸包好，37℃ 培养 48h。

5. 计算　分别计算紫外线处理 1min 和 3min 后的存活率和致死率。

$$存活率（\%）=\frac{处理后每毫升菌落数}{对照每毫升菌落数}\times100$$

$$致死率（\%）=\frac{对照每毫升菌落数-处理后每毫升菌落数}{对照每毫升菌落数}\times100$$

【结果】

1. 观察诱变效果　选取菌落数在 5～6 个的处理后涂布的平板观察诱变效应。分别向平板内加碘液数滴，在菌落周围出现透明圈。分别测量透明圈直径与菌落直径并计算其比值（HC 比值）。选取 HC 比值大的菌落转接到试管斜面上培养，可用于复筛。

2. 将菌落数、存活率、致死率填入表 38-1。

表 38-1　结果记录表（平均每皿菌落数、存活率和致死率）

	10^{-4}	10^{-5}	10^{-6}	存活率/%	致死率/%
对照					
1min					
3min					

【思考题】

用紫外线照射后为什么要用黑布或纸包好进行培养？

实验39

抗药性突变株的分离培养

【目的和要求】

学习用梯度平板法分离抗药性突变株。

【概述】

微生物的抗药性突变是 DNA 分子的某一特定位置的结构改变所致,与药物的存在无关,某种药物的存在只是作为分离某种抗药性菌株的一种手段,而不是引发突变的诱导物。因而在含有一定抑制生长药物浓度的平板上涂布大量的细胞群体,极个别抗性突变的细胞会在平板上生成菌落。将这些菌落挑取纯化,进一步进行抗性实验,就可以得到所需要的抗药性菌株。抗药性突变常用作遗传标记,因而掌握分离抗药性突变株的方法是非常重要的。为了便于选择适当的药物浓度,常用梯度平板法分离抗药性突变株。

【实验材料】

1. **菌株** 大肠杆菌。
2. **培养基** LB 琼脂培养基、LB 液体培养基等。
3. **试剂** 链霉素。
4. **仪器及用具** 试管、平皿、玻璃涂菌棒等。

【实验内容】

(1) 接种大肠杆菌于盛有 5 mL LB 液的试管中,37 ℃振荡培养 24h。

(2) 在热水浴中溶化 LB 琼脂培养基。

(3) 倒 10 mL 已溶化的不含药物的 LB 琼脂培养基于一套无菌培养皿中,立即将培养皿一端垫起,使琼脂培养基覆盖整个底部并使培养基表面在垫起的一端刚好达到培养皿的底与边的交界处,让培养基在这一倾斜的位置凝固(图39-1)。

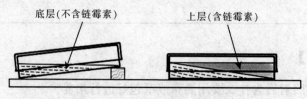

图 39-1 链霉素浓度梯度平板

（4）在已凝固的平板底部高琼脂这一边标上"低"，并放回水平位置，然后再在底层培养基上加入每毫升含有 100μg 链霉素的 LB 琼脂培养基 10 mL，凝固后，便制得一个链霉素浓度从一端的 0 μg/mL 到另一端的 100 μg/mL 的梯度平板。

（5）用 1 mL 无菌吸管吸取 0.2 mL 大肠杆菌培养液加到梯度平板上。用无菌玻璃涂棒将菌液涂布到整个平板表面（如果用蘸有乙醇并经火焰灭菌的玻璃涂棒，可在火焰旁或伸进平板，在板盖上稍微冷却，以免烫死细胞）。

（6）把平板倒置于37℃培养 48 h。

（7）选择1～2个生长在梯度平板中部的单个菌落，用无菌接种环接触单个菌落朝高药物浓度的方向划线。

（8）把平板倒置于 37 ℃培养 48 h。

【实验结果】

图示经一次培养和经二次培养的梯度平板上大肠杆菌的生长情况。

【思考题】

为什么抗生素要在培养基冷却到 50℃左右时再加？

实验40

光合细菌的分离

【目的和要求】

1. 掌握光合细菌的几种分离方法。
2. 学习光合细菌的保藏方法。

【概述】

目前应用于有机废水净化和水产养殖业上的光合细菌，主要是红螺菌科中称为紫色非硫细菌中的一些种类，包括红螺菌属（*Rhodospirillum*）、红假单胞菌属（*Rhodopseudomonas*）、和红微菌属（*Rhodomicrobium*）在内的 3 个属，共同特征是具有鞭毛、能运动，不产生气泡，细胞内不累积硫化物。红螺菌科光合细菌可以从河底、湖底、海底以及水田、池塘、沟渠等有污水进入的地方以及食品工业污水排放处的橙黄色或粉红色泥土中获得。红螺菌科的细菌细胞中含有细菌叶绿素和多种胡萝卜素，能在厌氧条件下进行不产氧光合作用，能固定大气中的氮。从厌氧环境中采样，选用特定的富集和分离培养基，在厌氧并有光照的条件下分离培养，可得到不同的光合细菌。

【实验材料】

1. 分离样品 从湖泊、沼泽地或废水处理场采集水样（泥样）。

2. 培养基 光合细菌液体富集培养基、光合细菌分离培养基、半固体柱状培养基、固体培养基、无菌水、灭菌的固体石蜡和液体石蜡（1：1）混合物。

3. 仪器或其他用具 光照培养箱、厌氧培养箱、250mL 磨口瓶、10mL 带螺旋橡胶盖试管、无菌移液管、无菌试管、无菌培养皿、无菌刀片等。

【实验内容】

（一）采样

从湖泊的厌氧层、沼泽地或废水处理场采集水样或泥样，装入无菌磨口瓶中，带回实验室备用。

（二）富集培养

在无菌的 250mL 磨口瓶中装入 200mL 光合细菌液体富集培养基，同时接入水样 20mL 或泥样 10g，接种后放置在 26～30℃的光照培养箱中培养 1～2周，直到培养液变成红色。

（三）分离纯化

可采用厌氧培养法或深层琼脂柱法进行分离纯化。

1. 厌氧培养法 在厌氧培养箱内操作，从富集培养液瓶内壁挑取菌样，在固体分离培养基平板上做划线分离，于 28℃厌氧光照培养 3～5d，待长出红色单菌落后，挑取单菌落穿刺接种于半固体深层琼脂培养基内，加入 1mL 液体石蜡密封，并盖紧试管盖，放在 28℃光照培养 3～5d 后置于冰箱保藏。

2. 深层琼脂柱分离法

（1）稀释：将增殖培养液用无菌水进行 10 倍系列稀释至 10^{-6} 至 10^{-9} 一系列浓度。

（2）分离：在 10mL 带螺旋盖的试管中，分别加入 1mL 10^{-6}、10^{-7}、10^{-8}、10^{-9}稀释度的富集培养液，再加入已溶化并冷却至 45℃左右的半固体培养基约 6mL，混匀，待培养基凝固后加入 1mL 液体石蜡密封，并盖紧试管盖。

（3）培养：将分离试管于 28℃光照培养 3～5d，待长出红色单菌落。

（4）转接单菌落：将长有分散单菌落的试管表面灭菌，切断玻璃，取出琼脂柱放入无菌平皿中，用无菌小刀将单菌落解剖出来，再将菌落穿刺接种于半固体培养基上，加 1mL 无菌液体石蜡密封并盖紧试管盖，于 28℃光照培养 3～5d 后置于冰箱保藏。

（5）镜检：挑取单菌落涂片，自然干燥后镜检。穿刺接种的半固体培养基长出线状的红色菌苔，通常可分离到紫色非硫细菌中的红假单胞菌。

【思考题】

1. 光合细菌在生理学方面有何特点？

2. 光合细菌有何实际用途？

实验41

根瘤菌的结瘤实验

【目的和要求】

1. 学习并掌握根瘤菌的分离方法。

2. 学习根瘤菌结瘤的实验方法。

【概述】

根瘤菌是在固氮生物中固氮效率最高的微生物。根瘤菌属于革兰氏阴性杆菌,侵染豆科植物根系并形成根瘤,豆科植物根系提供根瘤菌碳源等营养物质,根瘤菌则供给豆科植物氮素养料,彼此形成共生关系。根瘤菌对维生素类物质的反应灵敏,在不含维生素的培养基中生长很慢,加入酵母汁则生长旺盛。从根瘤中分离得到的根瘤菌菌株必须通过结瘤实验来验证其对宿主的侵染能力、结瘤固氮能力。

【实验材料】

1. 仪器　无菌三角瓶、无菌水、无菌平皿、30mm×200mm 试管、接种环、剪刀、镊子、无菌载玻片、罐头瓶、塑料杯、纱布。

2. 试剂　甘露醇酵母浸出琼脂培养基、0.1％升汞、95％酒精、Fahraeus 无氮植物营养液、Gibson 微量元素液、YMA 培养基、根瘤菌微量元素液;

3. 材料　大豆根、大豆种子、河沙。

【实验内容】

(一) 根瘤菌分离

1. 倒平板　将甘露醇酵母浸出液琼脂培养基溶化,待冷却至 50℃ 左右时倒平板。

2. 根瘤的表面灭菌　取健壮的大豆根系,充分洗净,用剪刀剪下粉红色的根瘤数个。剪时要保留连接在根瘤上的一小段细根。将剪下的根瘤立即放在经灭菌的小三角瓶内,瓶口用一层经过灭菌的纱布罩住。先倒入少量 95％ 酒精浸泡 2min,使根系表面湿润。倾去酒精后再倒入 0.1％升汞溶液,根据根瘤的大小浸泡 1~5min(在保证表面灭菌效果的前提下浸泡根系的时间短一些为好),倒去升汞溶液后,用无菌水反复冲洗根系 4~5 次,务必将根瘤表面吸附的升汞溶液彻底洗净。

3. 分离　用无菌的镊子把根瘤放在两块灭菌的载玻片中间,用力挤压,使根瘤破碎并流出菌液。然后用接种环蘸取少量根瘤液（内含许多根瘤菌），在含 0.001％结晶紫的甘露醇酵母浸出液琼脂培养基平板上划线，置于 26～28℃恒温箱中培养。不同菌株生长速度不同，一般 2～4d 即可出现菌落，也有的需要 7～10d 出现菌落。

4. 根瘤菌鉴别 根瘤菌在上述培养基上菌落为圆形，边缘整齐，一般呈黏液状、透明、半透明或不透明，一般不吸附结晶紫。根瘤菌是多形态的细菌，无芽孢，革兰氏阴性，在牛肉膏蛋白胨培养基上一般不生长。

5. 纯化 分离到的菌落还需要进一步纯化。纯化可采用稀释平板法，纯化时培养基中不用加结晶紫。

（二）结瘤实验

1. 沙培法 对于大豆、菜豆等个体较大的植物，可用双层钵做沙培。方法是：将一次性塑料杯底部烫一小孔，将纱布条穿过小孔，杯中装入已去杂并洗净的河沙。塑料沙杯插入盛有 Fahraeus 无氮植物营养液的罐头瓶中。杯口包上牛皮纸，经过 121℃蒸汽灭菌 1h 后备用。

2. 琼脂管法 对于紫云英、苜蓿等个体较小的植物，可用琼脂管培养。在 Fahraeus 无氮植物营养液中加入 1％的琼脂，溶化后分装试管，在 121℃蒸汽灭菌 30min 后摆成斜面备用。

3. 盆栽过程

（1）种子表面灭菌：种子放入经灭菌小三角瓶中，先用 95％酒精浸泡 5min，洗去表面蜡质。倒去酒精，加 3％ NaClO 溶液表面灭菌 1～3min，倒去 NaClO 溶液，再用无菌水冲洗 6～8 次，将 NaClO 彻底洗净。

（2）催芽及播种：将经过灭菌的种子放入无菌培养皿中，皿底垫上浸湿的灭菌滤纸片。在 25～30℃下催芽 1～2d。当种子露出根尖时即可播种，大豆种子播入塑料沙杯中约 1cm 深，紫云英种子插入琼脂培养基表面即可。

（3）培养：播种后植物在 15～30℃环境及自然光照下培养。

（4）接种根瘤菌：当植物长出第一片真叶后可接种根瘤菌。将分离纯化的根瘤菌菌株经 YMA 培养基培养后，用无菌水洗下制成菌悬液，沙杯接菌液 1～5 mL，试管接菌液 0.1～0.2 mL。同时设置对照组，只加无菌水，不加菌液。

4. 结瘤观察 沙培植株需洗去沙子，取出根系观察结瘤情况；琼脂管中的植株可直接观察结瘤情况。一般接种菌液 10d 左右可以看到根瘤出现。30～45d 后根瘤成熟，可进一步作固氮酶活性检测。

实验过程中，对照组应没有根瘤出现。如操作有误，对照组出现根瘤，则整个实验应重做。

【思考题】

1. 根瘤是如何形成的？

2. 根瘤菌有几种形态？

3. 结瘤实验是否成功的关键步骤有哪些？

实验42

抗生素抗菌谱及抗生菌的
抗药性测定

【目的和要求】

1. 学习和掌握抗生素菌谱的测定方法。
2. 了解常见抗生素的抗菌谱。

【概述】

微生物产生的各种次级代谢产物因其具有各种不同的生理活性而成为微生物药物的开发目标。抗生素就是具有抗感染、抗肿瘤作用的微生物次级代谢产物。抗生素抗菌谱和抗药性测定是指在体外测定抗生素抑菌或杀菌能力及细菌对抗生素的抵抗能力。抗生素抗菌谱及抗药性常用抗生素敏感实验（AST）进行测定，主要有扩散法和稀释法。本实验学习滤纸片扩散法，其原理是将含有一定量的抗菌药物滤纸片平贴于已经接种待测细菌的琼脂培养基上，滤纸片中的抗菌药物溶解于琼脂培养基内，并向四周扩散，当药物浓度高于该药物对待检细菌的最低抑菌浓度，待测细菌的生长就受到抑制，在滤纸片周围形成透明的抑菌圈。

【实验材料】

1. 菌种　金黄色葡萄球菌、大肠杆菌斜面菌种（野生株及不同抗药程度的抗链霉素菌株 3 株）。

2. 培养基　牛肉膏蛋白胨培养基。

3. 供试抗生素　氨苄青霉素、氯霉素、卡那霉素、链霉素、四环素。

4. 仪器及用具　恒温培养箱、镊子、圆滤纸片（直径约 8.5mm）或牛津杯、培养皿（直径 12cm）。

【实验内容】

1. 供试菌的培养与制备　将金黄色葡萄球菌（代表革兰氏阳性菌）和大肠杆菌（代表革兰氏阴性菌）接种在牛肉膏蛋白胨琼脂斜面上，置于 37℃ 下培养 18～24h，取出后用 5mL 无菌水洗下，制成菌悬液备用。

2. 配制所需浓度的抗生素　将抗生素分别配制成以下浓度：氨苄青霉素 $100\mu g/mL$（溶于水），氯霉素 $200\mu g/mL$（溶于乙醇），卡那霉素 $100\mu g/mL$（溶于水），链霉素 $100\mu g/mL$（溶于水），四环素 $100\mu g/mL$（溶于乙醇），配制好的溶液经 $0.45\mu m$ 的滤膜无菌过滤后备用。

3. 抗生素抗菌谱的测定　采用液体扩散法，分别吸取供试菌悬液 0.5 mL 加在牛肉膏蛋白胨琼脂培养基平板上，一个平板加金黄色葡萄球菌，另一个平板加大肠杆菌，分别用无菌玻璃刮铲涂布均匀。待平板表面液体变干后，在皿底用记号笔分成 6 等份，每一等份标明一种抗生素，设一对照（用无菌水替代抗生素），用滤纸片法或杯碟法测定。具体步骤是：用无菌镊子将滤纸片浸入上述抗生素溶液中，取出，并在瓶内壁除去多余的药液，以无菌操作将纸片对号放到接好供试菌的平板的小区内，或将牛津杯置于供试菌的平板上，加入一定量的抗生素溶液，置于 37℃ 下培养 18～24h，测定抑菌圈的直径，用抑菌圈的大小来表示抗生素的抗菌谱。

4. 抗生菌的抗药性测定

（1）制备链霉素药物平板：取 4 套无菌培养皿，在皿底标记编号，从链霉素溶液（100μg/mL）中分别吸出 0.2、0.4、0.6、0.8mL，加入以上各个培养皿中，再倒入冷却至 50℃ 的牛肉膏蛋白胨培养基，迅速混匀，制成药物平板。待培养基凝固后，在每个平板的皿底划分成 4 份，标注成 1～4 号，备用。

（2）抗药性测定：在以上 1～3 号空格上分别接上不同抗药程度的抗链霉素菌株 3 株，在 4 号接入野生型菌株作对照，在 37℃ 下培养 24h 后观察菌株生长情况，做好记录，以"＋"表示生长，以"－"表示不生长。

【思考题】

1. 抗生素对微生物的作用机制有几种？
2. 如供试菌株为酵母菌、放线菌、霉菌，应如何测定抗生素的抗菌谱？

实验43

青贮饲料中乳酸菌和腐败菌的检查

【目的和要求】

掌握青贮饲料中乳酸菌和腐败菌的培养计数原理及方法。

【概述】

目前青贮饲料微生物分析中，采用的基本方法是稀释分析法。即先将试样用无菌水（或无菌稀释液）混合、振摇，制成定量稀释的菌悬液，再用无菌水（或无菌稀释液）逐渐稀释，然后定量进行平板培养。这样可以获得单独生长的菌落，便于菌量的计数和菌种鉴定。

本实验对青贮饲料中的乳酸菌和腐败菌进行培养计数测定。

乳酸菌计数：MRS 培养基是乳酸菌的选择培养基，乳酸菌在这种培养基上可形成湿润、微小、边缘整齐的菌落。

腐败菌计数：明胶液化剂中的升汞和浓盐酸可使明胶（一种动物性蛋白质）发生白色沉淀反应。如果生长在明胶琼脂平板上的细菌能产生明胶酶（属腐败菌），菌落周围的明胶被分解，则在明胶液化试剂加入后不发生这种白色沉淀反应。所以菌落周围出现透明圈的为腐败菌。

【实验材料】

1. 检样　青贮饲料。

2. 试剂与培养基　浓度为 5 000IU/mL 的链霉素母液、无菌生理盐水、升汞、浓盐酸、MRS 培养基、明胶琼脂培养基等。

3. 仪器及用具　烘干箱、恒温培养箱（25℃和 37℃）、50℃恒温水浴箱、菌落计数器、培养皿、移液器、三角烧瓶、试管、烧杯、剪刀等。

【实验内容】

1. 青贮饲料样品的采集和稀释

（1）样品的采集：从青贮窖或塔的不同层次，采用无菌操作方式采集有代表性的样品 50g 左右。

（2）称取样品：将上述样品混合均匀，弃去大部分，留下 20g 左右，用无菌剪刀剪碎，称取两份，每份 5g 样品。一份置烘干箱中烘干以测定干物质含量，另一份作稀释培养用。

（3）样品稀释：将 5g 青贮饲料样品置于盛有 45mL 无菌生理盐水的三角瓶中（10^{-1} 稀释），样品在磁力搅拌器上低速搅拌 2min。然后，用无菌移液器从样品稀释液中取 1mL 加入盛有 9mL 无菌生理盐水试管中，成 10^{-2} 稀释，如此稀释成 10^{-3}、10^{-4}、10^{-5}、10^{-6} 的稀释度。

2. 乳酸菌的培养和计数

（1）样品与培养基混合：分别从 10^{-4}、10^{-5}、10^{-6} 样品稀释液中，用无菌移液管各取 3mL，分别放在 3 个无菌平皿，每皿 1mL，即每个稀释度重复 3 个平皿，且做 9 个平皿。

（2）培养：取无菌并温度降至 45℃左右的 MRS 培养基，倾注 15～20mL 到每个平皿中，并立即轻轻混匀，待凝固倒置，分别标明相应稀释度、时间、组别等。置 37℃恒温箱中培养。

（3）计数：经 1～2d 的培养后，选择计数在 10～150 个范围内的平皿，用菌落计数器计算每一块平皿上的所有菌落数，记录每块平皿菌落数和稀释度计算出每克青贮饲料干物质中乳酸菌数。

3. 腐败菌的培养和计数

（1）样品与培养基混合：分别从 10^{-4}、10^{-5}、10^{-6} 样品稀释液中，用无菌移液管取 3mL，放在 3 个无菌平皿中，每皿 1mL，即每个稀释度 3 个平皿，且做 9 个平皿。

（2）培养：将灭菌并温度降至 45℃左右的明胶琼脂培养基，倾注 15～20mL 到每个平皿中，并立即在平面上轻轻混匀，待凝固后倒置，分别标明相应稀释度、时间、组别等，置 37℃恒温箱中培养。

（3）明胶液化反应：待菌落生长后，倾注明胶液化试剂（升汞 15g、浓盐酸 20mL、蒸馏水 100mL，先将升汞溶于水中，再加入浓盐酸混匀即成）于平板菌落上面，其用量以正好铺满平板为宜。菌落周围呈现透明圈，说明该菌是生产明胶酶的腐败菌，没有明胶酶的地方呈乳白色。

（4）计数：用菌落计数器计算每一块平皿上的所带透明圈的菌落数，记录每块平皿菌落数和稀释度。计算出每克青贮饲料干物质中的腐败菌数。

【思考题】

1. 乳酸菌和腐败菌培养的注意事项有哪些？
2. 菌落计数的方法是什么？

WEISHENGWUXUE

第三部分

综合性和设计性实验

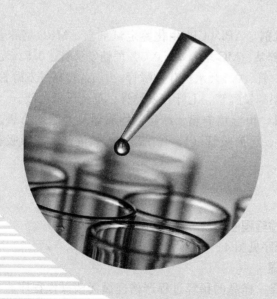

实验44

乳酸菌的分离、鉴定及生物学特性检测

【目的和要求】

1. 学习乳酸菌分离纯化及菌落计数方法。
2. 掌握分离乳酸菌的原理和方法。

【概述】

乳酸菌为一类可发酵糖产生大量乳酸的革兰氏阳性（G^+）细菌的总称。由于乳酸菌营养要求复杂，生长需要碳水化合物、氨基酸、肽类、脂肪酸、酯类、核酸衍生物、维生素和矿物质等，故一般的肉汤培养基难以满足其要求。为提高乳酸菌检出率，需采用特定良好培养基培养。本实验中用 MRS 或 MC 培养基，利用稀释平板菌落计数法对样品中的乳酸菌进行计数，并通过所得到的单一菌落进行乳酸菌的分离纯化，再根据形态学、生理生化特征等进行菌株鉴定。

【实验材料】

1. 培养基及试剂 API50CH 生化鉴定试剂盒、MRS 培养基及莫匹罗星锂盐改良 MRS 培养基、MC 培养基、0.5%蔗糖发酵管、0.5%麦芽糖发酵管、0.5%纤维二糖发酵管、0.5%水杨苷发酵管、0.5%甘露醇发酵管、0.5%乳糖发酵管、0.5%山梨醇发酵管、七叶苷发酵管、革兰氏染色液。

2. 仪器及用具 恒温培养箱、冰箱、均质器及无菌均质袋、均质杯或灭菌乳钵、无菌试管、无菌吸管（1、10 mL）或微量移液器及吸头、无菌锥形瓶、显微镜等。

【实验内容】

（一）乳酸菌检验程序

乳酸菌检验程序见图 44-1。

（二）操作步骤

1. 样品的稀释 样品的稀释过程严格遵循无菌操作程序。具体步骤参照食品中细菌菌落总数测定的样品稀释过程。

2. 乳酸菌计数

（1）乳酸菌计数：

①乳酸菌总数：根据待检样品活菌总数的估计，选择 2～3 个连续的适宜稀释度，每个稀释度取 0.1mL 稀释液置于 MRS 琼脂平板，每个稀释度作 2 个重复，用玻璃涂菌棒进行表面涂布。(36±1)℃，厌氧培养（48±2）h 后计数平板上的所有菌落数。从样品稀释到平板涂布过程要求在 15min 内完成。

②双歧杆菌计数：根据对待检样品中双歧杆菌数的估计，选择 2～3 个连续的适宜稀释度，每个稀释度吸取 0.1 mL 稀释液于莫匹罗星锂盐改良 MRS 琼脂平板，用灭菌玻璃涂菌棒进行表面涂布，每个稀释度做两个平板。(36±1)℃，厌氧培养（48±2）h 后计数平板上所有菌落数。从样品稀释到平板涂布过程要求在 15 min 内完成。

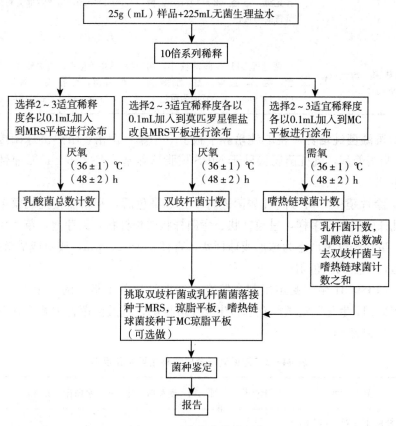

图 44-1　乳酸菌检验程序

③嗜热链球菌计数：根据待检样品中嗜热链球菌数估计，选择 2～3 个连续的适宜稀释度，每个稀释度吸取 0.1 mL 稀释液分别置于 2 个 MC 琼脂平板，用玻璃涂菌棒进行表面涂布。(36±1)℃，需氧培养（48±2）h 后计数。

④乳杆菌计数：乳酸菌总数结果减去双歧杆菌与嗜热链球菌计数结果之和即得乳杆菌数。

（2）乳酸菌菌落计数和乳酸菌菌落总数的报告：乳酸菌在 MRS 和 MC 培养基上菌落生长形态特征见表 44-1。菌落计数、菌落总数的计算和报告参照实验 21 食品中细菌菌落总数的测定。

表 44 - 1　乳酸菌在不同培养基上菌落特征

菌　属	MRS 琼脂	MC 琼脂
乳杆菌属（*Lactobacillus*）	菌落呈圆形，中等大小，凸起，微白色，湿润，边缘整齐，直径为（3±1）mm，菌落背面为黄色	菌落较小，白色或淡粉色，边缘不太整齐，可有淡淡的晕，直径（2±1）mm，菌落背面为粉红色
双歧杆菌属（*Bifidobacterium*）	兼性厌氧培养条件不生长。在厌氧培养条件下，菌落呈圆形，菌落中等大小，瓷白色，边缘整齐光滑，直径（2±1）mm，菌落背面为黄色	兼性厌氧培养条件下不生长，在厌氧培养条件下，菌落较小，可有淡淡的晕，白色，边缘整齐，直径（1.5±1）mm，菌落背面为粉红色
嗜热链球菌（*Streptococcus thermophilus*）	菌落呈圆形，菌落偏小，白色，湿润，边缘整齐，直径为（1±1）mm，菌落背面为黄色	菌落中等偏小，边缘整齐，光滑的红色菌落，可有淡淡的晕，直径（2±1）mm，菌落背面为粉红色

3. 乳酸菌纯培养　挑取纯培养平板上 3 个单一菌落，嗜热链球菌接种于 MC 琼脂培养基，乳杆菌属接种于 MRS 琼脂培养基，在（36±1）℃兼性厌氧培养 48 h。

4. 涂片镜检　对分离乳酸菌进行革兰氏染色后，利用显微镜观察菌体形态。乳杆菌属形态多样，呈短杆状、弯曲杆状或长杆状，无芽孢，革兰氏染色阳性。嗜热链球菌形态为球形或球杆状，直径 $0.5\sim2.0\mu m$，成对或成链排列，无芽孢，革兰氏染色阳性。

5. API50CH 生化鉴定试剂盒鉴定　选取纯培养平板上的 3 个单一菌落，用 API50CH 生化鉴定试剂盒进行生化反应检测，乳酸菌菌种主要生化反应见表 44 - 2 和表 44 - 3。

表 44 - 2　常见乳杆菌属菌种主要生化反应

菌　种	七叶苷	纤维二糖	麦芽糖	甘露醇	水杨苷	山梨醇	蔗糖
干酪乳杆菌干酪亚种（*Lactobacillus. casei* subsp. *casei*）	+	+	+	+	+	+	+
德氏乳杆菌保加利亚种（*L. delbrueckii* subsp. *bulgaricus*）	-	-	-	-	-	-	-
嗜酸乳杆菌（*L. acidophilus*）	+	+	+	-	+	-	+
罗伊氏乳杆菌（*L. reuteri*）	ND	-	+	-	-	-	+
鼠李糖乳杆菌（*L. rhamnosus*）	+	+	+	+	+	+	-
植物乳杆菌（*L. plantarum*）	+	+	+	+	+	+	+

注：＋表示 90％以上菌株呈阳性；－表示 90％以上菌株呈阴性；ND 表示未测定。

表 44 - 3　嗜热链球菌的主要生化反应

菌种	菊糖	乳糖	甘露醇	水杨苷	山梨醇	马尿酸	七叶苷
嗜热链球菌	－	＋	－	－	－	－	－

注：＋表示 90% 以上菌株呈阳性；－表示 90% 以上菌株呈阴性。

【思考题】

1. 根据检测结果判定乳酸菌属及种。
2. 为什么乳酸菌检验需要特定良好培养基？

实验45

鲜牛乳自然发酵过程中
微生物菌相的变化测定

【目的和要求】

1. 了解鲜牛乳自然发酵过程中微生物菌相变化的规律。
2. 掌握某一生境中不同微生物的分离与计数方法。

【概述】

刚采集的牛乳含有少量不同的细菌，而牛乳的成分对细菌是一种很好的营养基质。因此，在温度适宜的条件下，细菌即开始很快的繁殖。由于微生物在乳中的活动，会逐渐使乳变质，其变化过程可分为以下几个阶段：①抑制期：新鲜乳中因含有来自动物体的抗菌因素，能够抑制乳中微生物的生长，抑制能力持续时间与鲜乳中微生物污染程度有关。②乳酸链球菌期：乳中抗菌物质抑菌能力减少或消失后，乳中存在的微生物开始繁殖，乳酸链球菌先占优势，分解乳糖等碳水化合物产生乳酸，使乳液 pH 下降，乳液开始出现凝块，腐败细菌的生长受到抑制。当 pH 下降到 4.5 左右时，乳酸链球菌本身也会受到抑制，菌数逐渐减少。③乳酸杆菌期：乳酸杆菌耐酸性较强，在乳酸链球菌期，pH 下降到 6 左右时开始生长繁殖，当 pH 下降至 4.5 时，也能继续繁殖并产酸，逐渐代替乳酸链球菌，成为主要优势菌种。这个时期乳中出现大量凝块，并有乳清析出。④真菌期：当 pH 继续下降到 3.0～3.5 时，大部分细菌被抑制或死亡，但酵母菌和霉菌可以适应高酸环境，并能利用乳酸及其他有机酸，从而使乳液的 pH 逐渐回升，接近中性。⑤胨化细菌期：进入这个时期，乳中大部分乳糖已被消耗，能分解蛋白质和脂肪的细菌开始繁殖，乳的 pH 开始升高，乳的凝块被消化，牛乳出现腐败的臭味。

本实验将牛乳样品在30℃下培养，在培养过程中每2d取样，对不同培养时间取出的牛乳样品分别进行pH测定、涂片后革兰氏染色，油镜下观察其形态学特征及单个视野中的平均细菌数。

【实验材料】

1. 样品 鲜牛乳。

2. 试剂 二甲苯、革兰氏染色液等。

3. 仪器及用具 恒温培养箱、锥形瓶、pH试纸、接种环、载玻片、显微镜等。

【实验内容】

1. 混匀样品 振荡装鲜牛乳的锥形瓶，使样品充分混匀。

2. 测 pH 用接种环以无菌操作取一滴牛乳或牛乳发酵液，放在pH试纸上，比色、记录。

3. 制作涂片 用接种环无菌操作取满一环牛乳，在玻片上均匀涂抹2.5cm^{2}面积（在纸上先画2.5cm^{2}方格，然后在纸上放玻片），玻片上面标明日期。

4. 贮存涂片 玻片放空气中干燥后贮存在有盖的盒内，待整个实验的所有涂片制成后一起进行7. 处理涂片以后的步骤或每片先进行7. 处理涂片步骤，再贮存，待所有玻片制成后再进行8. 革兰氏染色以后的步骤。

5. 保温培养 鲜牛乳样品放在30℃恒温培养箱内培养，约培养10d。

6. 循环实验（测 pH 与涂片） 每2d取样一次，每个样品分别测pH和制作涂片。每次制作涂片用同一接种环，取样量要一致，直至牛乳变酸过程结束，开始腐败为止。

7. 处理涂片 所有涂片都用二甲苯处理约1min，以除去牛乳的脂肪，干燥后火焰固定。

8. 革兰氏染色 将制好的涂片按实验2中的革兰氏染色方法进行染色。

9. 观察计数 染色后涂片于油镜下观察，计数几个视野的主要类型细菌数，计算每一视野的平均数，描写微生物的类型、形态、大小及排列等。

【实验结果】

1. 记录每次测得的pH和描写涂片中所观察到的细菌，并根据描写的细菌情况对照所介绍的各个时期的细菌特点，鉴别细菌类型。最后计算每一类型细菌在油镜下平均每视野的近似数。

天数	pH	描写微生物类型	每视野的近似数

2. 用上表数据画曲线。

pH 曲线：以取样日期为横坐标，pH 为纵坐标，画出培养时间与 pH 相对应的曲线。

细菌曲线：以取样日期为横坐标，各类型细菌的每视野平均数为纵坐标，画出培养时间与菌数之间相对应的曲线。

【思考题】

1. 根据实验结果说明牛乳菌相变化过程中微生物如何改变牛乳环境，如何影响微生物分布。

2. 自然发酵制作酸牛乳时，发酵应控制在哪一阶段？

实验46
毛霉的分离和豆腐乳的制备

【目的和要求】

1. 学习豆腐乳中分离和纯化毛霉的方法。
2. 了解豆腐乳发酵工艺，观察豆腐乳发酵过程中的变化。

【概述】

豆腐乳是我国传统大豆发酵食品，是以豆腐为原料，经微生物发酵制成。腐乳制作中常用蛋白酶活性高的毛霉或根霉进行发酵。在豆腐坯上接种毛霉后，毛霉生长繁殖形成的洁白菌丝可以包裹豆腐坯，使其不容易破碎，同时毛霉分泌蛋白酶、脂肪酶、淀粉酶等复杂酶系，使毛霉、毛霉分泌的酶和后发酵过程中参与发酵的细菌、酵母菌协同作用，缓慢水解豆腐坯中的大分子物质，使蛋白质分解生成多肽类化合物和游离氨基酸，使大豆脂肪降解生成小分子脂肪酸，并进一步与醇类合成各种芳香酯，糖类分解生成低聚糖和单糖，形成细腻、鲜香的豆腐乳独特风味。

【实验材料】

1. 菌种　毛霉斜面菌种。

2. 培养基及试剂　马铃薯葡萄糖琼脂（PDA）培养基、无菌水、豆腐胚、红曲米、面曲、甜酒酿、白酒、黄酒、食盐。

3. 仪器及用具　培养皿、500mL 三角瓶、接种针、喷枪、镊子、小刀、纱布、小笼格、带盖广口瓶、显微镜、恒温培养箱。

【实验内容】

（一）毛霉的分离

1. 培养基制备　配置马铃薯葡萄糖琼脂（PDA）培养基，经灭菌后倒平板备用。

2. 毛霉的分离　从长满毛霉菌丝的豆腐坯上用镊子取小块稀释在 5mL 无菌水中，振摇，制成孢子悬液，用接种环取该悬液在 PDA 平板表面作划线分离，于 20℃培养 1～2d，以获取单一菌落。

3. 初步鉴定

（1）菌落观察：呈白色棉絮状，菌丝发达。

（2）显微镜检：加 1 滴石炭酸液至载玻片上，用解剖针从菌落边缘挑取少量菌丝于载玻片上，轻轻分开菌丝体，加盖玻片，于显微镜下观察孢子囊、孢囊梗的着生情况。若无假根、匍匐菌丝或菌丝不发达，孢囊梗由菌丝直接长出，单生或分枝，则可初步确定为毛霉。

（二）豆腐乳的制作

1. 菌种制备　将毛霉菌种接入新鲜斜面培养基，于 25～28℃培养 2d。将 3～8 条切成约 0.5cm 厚的豆腐条装入三角瓶内，高压蒸汽灭菌、冷却后接种上述活化斜面菌种，在同样温度下培养至菌丝和孢子生长旺盛，冷藏备用。使用时加入 200mL 无菌水洗涤孢子，用两层无菌纱布过滤，重复操作一次，滤液合并做种子液，装入喷枪贮液瓶中供接种使用。通常种子液的孢子数应达到 10^5～10^6 个/mL。

2. 接种孢子　用刀将豆腐坯划成 4.1cm×4.1cm×1.6cm 的块，笼格蒸汽消毒后冷却，笼格内壁喷洒孢子悬液，然后把划块豆腐坯均匀竖放在笼格内，各块之间间隔 2cm。向豆腐块上喷洒孢子悬液，使每个豆腐块周身沾上孢子悬液。

3. 培养与晾花　将放有接种豆腐坯的笼格放入恒温培养箱中，在 25℃左右培养 36～48h，注意在培养 20h 后每隔 6h 上下层调换一次，以更换新鲜空气，并观察毛霉生长情况。当观察到菌丝顶端长出孢子囊，腐乳坯上毛霉呈现棉花絮状，菌丝下垂，白色菌丝已包围豆腐坯时取出笼格，散失热量和水分，迅速冷却豆腐坯，此操作在工艺上称为晾花，目的是使菌丝老熟，分泌酶系，并散发霉味。

4. 搓毛腌坯　将晾花后的坯块上相互依连的菌丝分开，用手指轻轻揩涂每块表面一遍，使豆腐坯形成一层皮衣，装入圆形玻璃瓶中，边揩涂边沿瓶壁呈同心圆方式一层一层向内侧放，每摆满一层后轻轻用手压平，撒一层食盐，每 100 块豆腐坯约用盐 400g，平均含盐量约为 16%，如此一层层铺满瓶。食盐用量下层少，向上逐层增多，腌制过程中盐分渗入毛坯，同时析出水分，为使上下层盐均匀分布，腌制 3～4d 时需加盐水将坯面淹没。腌坯周期冬季为 13d，夏季为 8d。

5. 配料与装坛发酵

（1）红方：按每 100 块坯用红曲米 32g、面曲 28g、甜酒酿 1kg 的比例配制染坯红曲卤和装瓶红曲卤。先用甜酒酿 200g 浸泡红曲米和面曲 2d，研磨后再加甜酒酿 200g 调匀，即为染坯红曲卤。沥干腌坯，待坯块稍有收缩，将其放在染坯红曲卤内，六面染红，装入已消毒的玻璃瓶中。再将剩余红曲卤用剩余的 600g 甜酒酿兑稀后，灌入瓶中，淹没腐乳，加适量面盐和 50 度白酒，加盖密封，常温贮藏成熟 6 个月。

（2）白方：沥干腌坯，等坯块稍有收缩后装瓶，按甜酒酿 0.5kg、白酒 0.75kg、黄酒 1kg、盐 0.25kg 的配方配制汤料后将其注入瓶中，淹没腐乳，加盖密封，常温贮藏 2～4 个月成熟。

6. 质量鉴定　将成熟的腐乳开瓶，进行感官质量鉴定和评价。

【实验结果】

记录发酵过程中主要现象，并分析发酵过程中环境条件对腐乳质量的影响。

【思考题】

1. 腐乳生产主要采用微生物的种类是什么？
2. 说明腐乳生产的发酵原理。
3. 试分析腌坯过程中食盐含量对腐乳质量有何影响。

实验47
活性污泥中细菌的分离、纯化与培养

【目的和要求】

1. 掌握从环境（水体或活性污泥）中分离培养细菌的方法，从而获得若干种细菌纯培养物。
2. 掌握细菌几种接种技术。

【概述】

活性污泥中的微生物能够分解污水中的有机物并参与其中的物质代谢，相比物理法、化学法处理污水具有成本低、无二次污染等优点，因此对活性污泥微生物的研究意义重大。微生物纯种分离的方法很多，其中单菌落分离是常用的方法。对于好氧菌和兼性好氧菌可采用平板划线法、平板表面涂布或浇注平板法等。分离专性厌氧菌采用深层琼脂柱法、滚管法等。本实验采用浇注平板法从活性污泥中分离细菌，用平板划线法纯化细菌。

【实验材料】

1. 样品　活性污泥。

2. 培养基 营养琼脂培养基。

3. 仪器及用具 培养皿（直径90mm）、移液管、锥形瓶、试管、无菌水、接种环、酒精灯、恒温箱（培养箱）、超净工作台等。

【实验内容】

1. 细菌分离（浇注平板法）

（1）稀释样品：用事先灭菌的移液管取10 mL活性污泥，用无菌水将活性污泥依次稀释成10^{-1}、10^{-2}、10^{-3}、10^{-4}系列浓度。

（2）取样：取1 mL 10^{-3}和10^{-4}两个稀释度的样品至培养皿，每一稀释度重复2个培养皿（培养皿需编号）。

（3）倒培养基：在上述每个培养皿内倒入约15 mL已溶化并冷却至50℃左右的培养基，随即快速而轻轻地摇匀，平放于桌面。

（4）培养：待平板完全凝固后，倒置于37℃培养箱中培养24～48h。

（5）观察细菌初步分离结果：在37℃培养箱中培养24～48h以后，取出平板肉眼观察，从菌落颜色及菌落其他特征判断，并进一步纯化培养。

2. 细菌纯化（平板划线法）

（1）倒平板：经溶化的培养基，冷却至50～60℃时倒平板，凝固后待用。

（2）划线：挑取上述实验中培养得到的不同典型细菌菌落，进行平板划线培养，得到单个菌落，再反复几次划线培养，最后得到纯培养物。

3. 保存菌种 得到的细菌纯培养物可以斜面接种培养进行菌种保存。

【实验结果】

记录浇注平板法培养后得到的多个单菌落的特点和平板划线法培养后长出的细菌菌落特点（有无杂菌菌落）。

【思考题】

用浇注平板法分离活性污泥时，为什么要稀释？

实验48

活性污泥中微生物多样性分析

【目的和要求】

1. 明确活性污泥中微生物群落的组成及其在不同阶段的变化规律。

2. 学习和掌握PCR仪和变性梯度凝胶电泳（DGGE）仪的操作及使用方

法，学习和掌握凝胶分析及核酸序列比对、系统树建立过程中一系列软件的使用。

【概述】

在自然界或人工生境（如堆肥或废水处理系统）中，微生物主要以群落的形态存在。微生物的生态功能与它们的群落结构（种类和数量）密切相关。对活性污泥中微生物（细菌）多样性进行分析，有助于搞清活性污泥内的微生物种类及其丰度，从而了解活性污泥中微生物群落的功能。

活性污泥中微生物多样性分析可分为四个步骤来进行：

（1）样品（活性污泥）中微生物（细菌）总 DNA 的提取；

（2）总 DNA 中的 16S rDNA 的扩增（PCR）；

（3）DGGE 与微生物多样性分析；

（4）目的片段的库中比对及建立系统发育树分析其关系。

【实验材料】

1. 样品　活性污泥。

2. 仪器　核酸电泳系统，凝胶成像分析系统，高速冷冻离心机，真空干燥器，移液枪，恒温水浴锅，旋涡振荡器，PCR 仪，电泳仪，DGGE 仪，恒温摇床。

3. 试剂及药品　DNA 纯化胶回收试剂盒，磷酸钠，溶菌酶，SDS，乙醇，氯化铯，异丙醇，乙酸钾，DNA 标记（DL2000），三羟甲基氨基甲烷（tris base），琼脂糖，苯酚，氯仿，乙二铵四乙酸二钠，*Taq* DNA 聚合酶，10× PCR 反应缓冲液，脱氧核苷酸（dNTPs），双蒸水，上下游引物，冰醋酸，硝酸银，甲醛，无水碳酸钠，甘油，去离子甲酰胺，尿素，丙烯酰胺，甲叉丙烯酰胺，过硫酸铵，四甲基乙二胺（TEMED），溴酚蓝，上样缓冲液，核酸凝胶染色试剂（gelred），异戊醇，乙酸镁，乙酸铵，乙醚等。

注：以上所用试剂无特殊说明，均为生化分析纯或以上级别。

【实验内容】

一、活性污泥总细菌 DNA 的提取

（1）细菌培养及菌体收集：接种细菌于 LB 液体培养基中，37℃、140 r/min振荡培养 15 h，取 1.5 mL 培养液于 1.5 mL EP 管中，12 000 r/min离心 1 min，弃上清，收集菌体。

（2）辅助裂解：加 50 μL（100 μg/mL）的溶菌酶溶液，混合均匀，于37℃水浴 1 h。

（3）裂解：向每管加入 4℃预冷的裂解缓冲液十六烷基三甲基溴化铵（CTAB），用枪头迅速强烈地吸打以悬浮和裂解菌体细胞，充分混匀，12 000 r/min离心 10 min。

（4）取上清液于新 EP 管中，加入等体积的氯仿/异戊醇（24：1）充分混匀后，12 000 r/min 离心 3 min，重复两次充分洗去杂质。

（5）取上清液于新 EP 管中，加入 2 倍体积的－40℃预冷的无水乙醇，12 000r/min 离心 5 min，弃上清。

（6）加入 400 μL 70％乙醇洗涤沉淀。

（7）室温干燥，用 50 μL 1 倍的 tris－EDTA 缓冲液溶解基因组 DNA，置－40℃冰箱中保存备用。

（8）电泳检测：取 5 μL 基因组 DNA 进行 0.8％琼脂糖凝胶电泳（120V）20 min，凝胶成像扫描系统照相分析。

二、总 DNA 中的 16S rDNA 的扩增（PCR）、纯化、连接转化及鉴定过程

1. PCR 反应体系　在冰浴条件下，于 0.5 mL 无菌 PCR 管中加入以下成分：10×PCR 缓冲液 5 μL、10 mmol/L dNTPs 1 μL、引物 27F（2.5 μmol/L）10 μL、引物 1492R（2.5 μmol/L）10 μL、2IU/μL Taq 酶 0.5 μL（或5IU/μL Taq 酶 0.2 μL）、DNA 模板 2 μL，加双蒸水至 50 μL。将上述混合液离心混合（离心条件）均匀，立即置 PCR 仪中，进行扩增；27f－1492r 细菌 16 S rDNA 基因的 V3 区引物，通用引物 F341（5′CCTACGGGAGGCAGCAG3′）和 R518（5′ATTACCGCGGCTGCTGG3′）16S rDNA 基因序列的扩增采用细菌通用引物，正向引物 5′AgAgTTTgATCATggCTCAg3′，反向引物 5′ggTAC-CTTgTTACgACTT3′。

2. PCR 反应条件　94℃预变性 3 min；94℃变性 30 s、56℃退火 30 s、72℃延伸 1.5 min，循环扩增 30 次；72℃保温 10 min，4℃保存。

3. 电泳检测　取 5 μL 样品进行电泳检查，即 0.8％琼脂糖凝胶电泳（120V）20 min，凝胶成像扫描系统照相分析。

4. PCR 扩增目的片段的回收纯化　PCR 扩增产物经 0.8％琼脂糖凝胶电泳分离后，用上海生物工程公司的 B 型小量 DNA 片段快速回收试剂盒，回收目的片段，操作按说明书进行：

（1）用干净的刀片在紫外灯下切下含有目的 DNA 片段的琼脂糖凝胶，放入已灭菌的 1.5 mL EP 管中。

（2）加入 350 μL 溶胶液，55℃水浴，偶尔摇动，4～5 min，溶解胶块。

（3）装柱，将溶解的胶液加入一个已平衡过的吸附柱中（即用相同的缓冲液清洗数遍），12 000 r/min 离心 1 min。

（4）再过一次柱，过原柱，取柱下面管中的溶液加入柱子中，12 000 r/min离心 1 min，弃废液。

（5）加入 700 μL 漂洗液，12 000 r/min 离心 1 min，倒掉下面管中的废液。

（6）再加入 500 μL 漂洗液，12 000 r/min 离心 1 min，倒掉下面管中的废液。

（7）12 000 r/min 离心 2 min，彻底去除乙醇。

（8）将吸附柱放入一个干净的 EP 管中，在吸附膜中间位置加入 40 μL 洗脱缓冲液，室温放置 5 min，12 000 r/min 离心 3 min，将下面管中的滤液

保存。

（9）取 4 μL 进行 0.7％琼脂糖凝胶电泳检测。

5. T 载体连接与转化　连接 T 载体：在 0.5 mL 反应管中加入下列成分：pMD18 - T 1 μL、纯化的 PCR 产物 2 μL、溶液 Ⅰ（Solution Ⅰ 为试剂盒中所配）5 μL，补水至总体积为 10 μL，16℃连接 30 min。

连接物的转化：

（1）取 1.5 mL EP 管，5 μL 连接产物，冰上备用。

（2）再加入 50 μL 高效感受态 JM109 细菌细胞，吸打混匀，冰浴 30 min。

（3）42℃热激 90 s，后室温放 2～3 min。

（4）每个 EP 管中加 400 μL LB 液体培养基，混匀。

（5）37℃ 200 r/min 振荡培养 1 h，取 100 μL 转化菌液，涂含 5 - 溴 - 4 - 氯 - 3 - 吲哚 - β - D 半乳糖苷（X - gal）（20 mg/mL，200 μL/mL 培养基），异丙基硫代半乳糖苷（IPTG，20 mg/mL，100 μL/mL 培养基），氨苄西林（Amp，20 mg/mL，100 μL/mL 培养基）（以上 3 种药品均需除菌过滤后，培养基温度为 55～60℃）的 LB 平板，并设不含 Amp 的 LB 平板作对照，37℃培养过夜（12～16 h）。

6. 重组子筛选与鉴定　菌落 PCR：

（1）随机挑取 7 个白斑菌落分别接种于 1 mL LB 培养基中，200 r/min，培养 4 h，取 2 μL 作为菌落 PCR 的模板。

（2）PCR 反应体系：在冰浴条件下，于 0.5 mL 无菌离心管中加入以下成分：10× PCR 缓冲液 2 μL、10 mmol/L dNTPs 0.4 μL、引物 M13（2.5 μmol/L）4 μL、引物 RV - M（2.5 μmol/L）4 μL、5 IU/μL Taq 酶 0.2 μL、DNA 模板 2 μL，加双蒸水至 20 μL。将上述混合液离心混合均匀，立即置 PCR 仪中，进行扩增。

（3）PCR 反应条件：94℃预变性 5 min；94℃变性 30 s、52℃退火 30 s、72℃延伸 2 min，循环扩增 30 次；72℃保温 10 min，4℃保存。

（4）取 4 μL 进行 0.8％琼脂糖凝胶电泳检测。

（5）将确定为阳性克隆的菌液进行 DNA 序列测序。

（6）采用 Contig Express 软件对所测得的序列进行拼接，并在 NCBI 数据库中进行同源性比对，下载相关序列，采用 MEGA 及 Phylip 等软件对序列进行亲缘性及系统发育分析。

三、变性梯度凝胶电泳（DGGE）与微生物多样性分析

1. 实验前试剂准备

（1）50× TAE 缓冲液（2 mol/L Tris 乙酸盐，0.05 mol/L EDTA pH8.0）1 L：242 g Tris 碱，57.1 mL 冰醋酸，100 mL 0.5 mol/L EDTA，pH8.0，加去离子水至 1 L（注：若无特别说明，以下所提及到的水均为去离子水）。

（2）丙烯酰胺贮存液：40％（质量分数）丙烯酰胺（丙烯酰胺：双丙烯酰胺＝37.5：1），用水定容至 100 mL。

（3）过硫酸铵贮存液（10％）10 mL 配制：1 g 过硫酸铵加水至 10 mL。

（4）1×TAE 上样缓冲液：50×TAE 缓冲液 140mL，去离子水 6 860mL，总体积 7 000mL。

（5）凝胶上样染液：2％溴酚蓝 0.25 mL，2％二甲苯青 0.25 mL，100％甘油 7 mL，水 2.5 mL。

（6）塑料胶框、梳子和垫片，两个用于固定胶框中玻璃片的塑料支架。

（7）一有柄和一无柄的两片玻璃板（尺寸：宽 17.78 cm，长 20.32 cm，厚 0.635 cm），有柄的玻璃板有一个宽 13.97 cm，厚 2.54 cm 的突出。

（8）无金属结构的塑料槽（尺寸：长 43.18 cm，宽 22.86 cm，深 22.86 cm；可以允许一块或两块胶同时电泳）。

（9）电源：应保持电压或电流恒定，根据实验需要设置电压或电流。

（10）蠕动泵及连接管、搅拌器和加热器、梯度生成器：每侧容积 15～25 mL。

（11）试剂准备：0％变性存储液不同凝胶配制见表 48 - 1，100％变性存储液不同凝胶配制见表 48 - 2。

表 48 - 1　0％变性存储液不同凝胶配制（mL）

0％变性存储液	6％凝胶	8％凝胶	10％凝胶	12％凝胶
40％丙烯酰胺/甲叉双丙烯酰胺	15	20	25	30
50×TAE 缓冲液	2	2	2	2
双蒸水	83	78	73	68
总体积	100	100	100	100

注：超声脱气 10～15 min，用 0.45μm 滤膜进行过滤，储存在棕色瓶中 4℃保存约 1 个月。

表 48 - 2　100％变性存储液不同凝胶配制（mL）

100％变性存储液	6％凝胶	8％凝胶	10％凝胶	12％凝胶
40％丙烯酰胺/甲叉双丙烯酰胺	15	20	25	30
50×TAE 缓冲液	2	2	2	2
去离子甲酰胺	40	40	40	40
脲/g	42	42	42	42
双蒸水	总体积 100	总体积 100	总体积 100	总体积 100

脱气 10～15 min，用 0.45μm 滤膜进行过滤，储存在棕色瓶中 4℃保存约 1 个月，已配好的 100％变性溶液需要在水浴加热或搅拌重新溶解后再使用。对于变性存储液浓度小于 100％的丙烯酰胺、TAE 和水的用量参照 100％变性储液配方；脲和丙烯酰胺的用量参照表 48 - 3。

表 48 - 3　不同变性储液中脲及丙烯酰胺用量

变性储液	10%	20%	30%	40%	50%	60%	70%	80%	90%
甲酰胺/mL	4	8	12	16	20	24	28	32	36
脲/g	4.2	8.4	12.6	16.8	21	25.2	29.4	33.6	37.8

（12）仪器：变性梯度凝胶电泳设备。

2. 操作步骤

（1）将海绵垫固定在制胶架上，把类似"三明治"结构的制胶板系统垂直放在海绵上，用分布在制胶架两侧的偏心轮固定好制胶板系统，注意一定是短玻璃的一面正对着自己。

（2）共有三根聚乙烯细管，其中两根较长的为 15.5 cm，短的那根长 9 cm。将短的那根与 Y 形管相连，两根长的则与小套管相连，并连在 30 mL 的注射器上。

（3）在两个注射器上分别标记"高浓度"与"底浓度"，并安装上相关的配件，调整梯度传送系统的刻度到适当的位置。

（4）反时针方向旋转凸轮到起始位置。为设置理想的传送体积，旋松体积调整旋钮。将体积设置显示装置固定在注射器上并调整到目标体积设置，旋紧体积调整旋钮。例如 16×16cm 胶（1 mm 厚）：设体积调整装置到 14.5mL 刻度处。

（5）配制两种变性浓度的丙烯酰胺溶液到两个离心管中。

（6）每管加入 18μL 四甲基乙二胺（TEMED），80μL 10% 过硫酸铵（APS），迅速盖上并旋紧帽后上下颠倒数次混匀。用连有聚乙烯管标有"高浓度"的注射器吸取所有高浓度的胶，对于低浓度的胶操作同上。

（7）通过推动注射器推动杆小心赶走气泡并轻柔地晃动注射器，推动溶液到聚丙烯管的末端。注意不要将胶液推出管外，因为这样会造成溶液的损失，导致最后凝胶体积不够。

（8）分别将高浓度、低浓度注射放在梯度传送系统的正确一侧固定好，注意这里一定要把位置放正确，再将注射器的聚丙烯管同 Y 形管相连。

（9）轻柔并稳定地旋转凸轮来传送溶液，在这个步骤中最关键的是要保持恒定的匀速且缓慢地推动凸轮，以使速度恒速地被灌入三明治式的凝胶中。

（10）小心地插入梳子，让凝胶聚合大约 1h。并把电泳控制装置打开，预热电泳缓冲液到 60℃。

（11）迅速清洗用完的设备。

（12）聚合完毕后拔走梳子，将胶放入电泳槽内，清洗点样孔，盖上温度控制装置使温度升到 60℃。

（13）用注射针点样（预先准备好的活性污泥 16SrDNA V3 区 PCR 扩增产物，变性聚丙烯酰胺凝胶电泳纯化）。

（14）电泳（采用恒压或恒流均可，电泳时间与电压或电流的大小及凝胶浓度有关，可根据指示剂指示来确定）。

（15）电泳完毕后，先拨开一块玻璃板，然后将胶放入盘中。用去离子水冲洗，使胶和玻璃板胶离。

（16）倒掉去离子水，加入 250 mL 固定液（10％乙醇，0.5％冰醋酸）中，放置 30 min。

（17）倒掉固定液，用去离子水冲洗两次，倒掉后加入 250 mL 银染液（0.2％ $AgNO_3$，用之前加入 $200\mu L$ 甲醛，预冷）中，放置在摇床上摇荡，染色 3～5 min。

（18）倒掉银染液，用去离子水冲洗两次，倒掉后加入预冷的 250 mL 显色液（0.5％ NaOH，0.5％甲醛）显色。

（19）待条带出现后凝胶扫描拍照。

（20）将凝胶拍照后的照片进行 DNA 聚类分析（可用 Quantity one 软件进行分析），并得出结果。

【注意事项】

1. 在混合和灌胶时应避免产生气泡。

2. 有时聚丙烯酰胺凝胶的左侧会出现缩水现象以致在胶的顶部到底部之间会产生空气通道，可用 2％溶化的琼脂糖凝胶将其充满。

3. 所有溶液应保存于 4℃棕色瓶中，一般几个月到一年内有效。

4. 电泳时凝胶温度必须保持恒定，要达到这一要求，可把胶板浸没于充分搅拌的温控缓冲液槽内。对于缺乏变性剂时比较容易变性的 DNA 来说，槽内的温度选择在 60℃稍微超过熔点，并且大部分的工作都在 60℃下进行（但温度稍高或低一点都可采用）。温度保持恒定可将电泳缓冲液加热到 60℃，并把胶浸入其中进行电泳即可。

【思考题】

导致分析有偏差的原因有哪些？

实验49

土壤微生物分离、纯化及测数

【目的和要求】

1. 了解土壤微生物的分离纯化及测数的基本原理。

2. 学会将混杂的各种微生物分离纯化的方法。

3. 学习并掌握微生物平板菌落计数的技术方法。

【概述】

土壤是微生物生活的大本营，其中含有大量不同类型的微生物。从混杂的微生物群体中获得只含有一种微生物的过程称为微生物分离与纯化。为了获得单个菌体，首先必须把要分离的材料进行适当地稀释，按微生物生长所需要的条件，使其在平板上由一个菌体繁殖成单个菌落，然后从中挑选出所需要的纯种。常用的分离纯化方法有单细胞挑取法、平板划线法和稀释倒平板法。由于细菌、放线菌和霉菌所要求的营养条件不同，利用不同的培养基制成平板进行分离，然后从菌落形态上的差异，可以把细菌、放线菌和霉菌三大类群区分并可计算出其数量，分别接种到试管斜面上，然后在平板上反复进行分离培养，最后可获得纯种。本实验通过连续稀释使菌体细胞充分分散，单细胞得以生长发育形成菌落，使用稀释法或平板划线法进一步纯化，还可以通过平板菌落计数，推算单位重量土壤样品含有微生物的数量。

【实验材料】

1. 仪器及用具　装有 90mL 无菌水的三角瓶（瓶内先放 15～20 个玻璃珠），9mL 无菌水，直径 9cm 的无菌平皿，1mL 无菌吸管，称样瓶，记号笔，玻璃刮铲，无菌称量纸，酒精灯，接种环。

2. 培养基　牛肉膏蛋白胨琼脂培养基；高氏 1 号琼脂培养基；加有氯霉素（或庆大霉素）和孟加拉红的马丁氏琼脂培养基：在 1 000mL 培养基中加入注射用氯霉素 2mL，孟加拉红 33.4mg，均于灭菌前加入。

【实验内容】

1. 土壤样品采集　由于土壤自然条件、类型和污染状况不同，采样的方法也不同，按照随机、等量和多点混合的原则进行采样。

常用的方法有：

（1）对角线采样法：此方法适合受到废水污染或污水灌溉的田块。从田块进水口向对角引一条斜线，将此线分成三等份或五等份，在每等份的中央点取样。

（2）蛇形采样法：此方法适合面积较大、地形不平坦、土壤不均匀的田块。采样点按蛇形多布置一些。

（3）棋盘形采样法：此方法适合面积适中、地势平坦、地形完整的田块。如土壤不均匀，布置 10 个以上的采样点；土壤均匀，采样点可少些。

（4）梅花形采样法：此方法适合面积不大、地势平坦、土壤较均匀的田块。梅花形采样的布点以 5～10 个为宜。

采集土样时应先除去表土 1～2cm，然后用经过灭菌的铁铲采土，采足量后将土样充分混匀，用无菌塑料袋分装备用，或放在 4℃ 冰箱中暂存。

2. 无菌操作制备土壤稀释液

（1）制备土壤悬浊液：准确称取待测土样 10g，放入装有 90mL 无菌水并放有小玻璃珠的 250mL 三角瓶中，放置摇床上振荡 20min，使微生物细胞充分分散，静置 20～30s，即成 10^{-1} 土壤悬浊液。

（2）样品稀释液的制备：用 1mL 无菌吸管，吸取 10^{-1} 土壤悬浊液 1mL，移入装有 9mL 无菌水的试管中，吹吸 3 次，让菌液混合均匀，即成 10^{-2} 稀释液；再换一支无菌吸管，吸取 10^{-2} 稀释液 1mL，移入装有 9mL 无菌水的试管中，吹吸 3 次，即成 10^{-3} 稀释液；以此类推，连续稀释，制成 10^{-4} 至 10^{-9} 等一系列稀释菌液（图 49-1）。

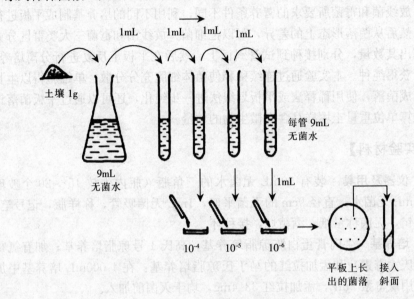

图 49-1　配制稀释菌液

（3）用稀释平板计数时，待测菌液稀释度的选择应根据样品中含菌量来确定。样品中所含待测菌的数量多时，稀释度应高，反之则低。通常测定细菌菌剂的含菌数时，一般采用 10^{-7}、10^{-8}、10^{-9} 稀释度；测定土壤中细菌数量时，采用 10^{-4}、10^{-5}、10^{-6} 稀释度；测定放线菌数量时，采用 10^{-3}、10^{-4}、10^{-5} 稀释度；测定真菌数量时，采用 10^{-2}、10^{-3}、10^{-4} 稀释度。

3. 平板接种培养　微生物的平板接种培养可采用混合平板培养法或涂抹平板培养法。

（1）混合平板培养法：将无菌平板分别编上 10^{-7}、10^{-8}、10^{-9} 号码，每一号码设置 3 次重复，用无菌吸管按无菌操作要求吸取 10^{-9} 稀释液各 1mL 放入编号 10^{-9} 的 3 个平板中，同法吸取 10^{-8} 稀释液各 1mL 放入编号 10^{-8} 的 3 个平板中，再吸取 10^{-7} 稀释液各 1mL 放入编号 10^{-7} 的 3 个平板中，当吸取菌液是由低浓度到高浓度时，吸管可不必更换。然后在 9 个平板中分别倒入已溶化并冷却至 45℃左右的细菌培养基，轻轻转动平板，使菌液与培养基混合均匀，冷凝后倒置，在 30℃下培养至菌落长出后即可计数。

依上法进行放线菌和霉菌的接种培养。

（2）涂抹平板计数法：涂抹平板计数法与混合法基本相同，所不同的是先将培养基溶化后趁热倒入无菌平板中，待凝固后编号，然后用无菌吸管吸取 0.1mL 菌液对号接种在不同稀释度编号的琼脂平板上，每个编号设 3 次重复。再用无菌玻璃刮铲将菌液在平板上涂抹均匀，每个稀释度用一个灭菌玻璃刮铲，更换稀释度时需将刮铲灼烧灭菌。在由低浓度向高浓度涂抹时，也可以不更换刮铲。将涂抹好的平板平放于桌上 20～30min，使菌液渗透入培养基内，然后将平板倒转，在 30℃下培养至菌落长出后即可计数。

4. 结果计算　一般按下列标准从接种后的 3 个稀释度中选择一个合适的稀释度，求出每克土壤中的含菌数。

（1）同一稀释度各个重复的菌落数相差不太悬殊。

（2）细菌、放线菌、酵母菌以每皿 30～300 个菌落为宜，霉菌以每皿 10～100 个菌落为宜。

选择好计数的稀释度后，即可统计在平板上长出的菌落数，统计结果按下式计算。

①混合平板计数法：

每克样品的菌数＝同一稀释度几次重复的菌落平均数×稀释倍数

②涂抹平板计数法：

每克样品的菌数＝同一稀释度几次重复的菌落平均数×10×稀释倍数

5. 挑菌纯化　在平板上选择分离较好的有代表性的单一菌落接种斜面上，同时作涂片检查，若发现不纯，应挑取此菌落作进一步划线分离，或制成菌悬液再作稀释分离，直至获得纯培养物。

【思考题】

1. 为什么在马丁氏琼脂培养基中要加入氯霉素和孟加拉红？

2. 分离微生物的目的是什么？

3. 用稀释法分离，怎样保证准确并防止污染？

4. 用划线法分离，怎样保证得到相互分离的菌落？

5. 由菌落如何得到纯培养菌种？

实验50

病原细菌的分离及鉴定

【目的和要求】

1. 掌握病原细菌分离、鉴定的基本程序。

2. 了解和掌握病原细菌的实验室诊断方法和技术。

【概述】

病原细菌分离和鉴定在细菌学检验、传染病诊断及细菌病原学研究等方面具有重要的作用和用途。病原细菌种类繁多,其所需生长条件和要求有一定的差异,如营养物质、生长适宜温度、培养时间、呼吸类型及某些化学物质的耐受性等,故在某些病原菌分离和培养时应考虑这些因素,要充分满足细菌生长的条件和要求。不同病原菌其形态与结构、染色特性、生长特性及表现、生化特性、毒力及致病性、免疫学反应特性及基因背景等方面也有一定的差异和区别。细菌鉴定就是观察和检测这些特征,并区分和鉴定病原菌。通过本实验,学生了解和掌握病原菌的分离、鉴定的基本程序和方法,增强微生物实验知识的综合利用能力,培养分析和解决实际问题的思维及独立操作能力。

【实验材料】

1. 病料 动物临床采集或动物模型。

2. 培养基 根据实验需要选定。

3. 试剂 消毒液、染色液、细菌生化试剂、生物诊断制剂等。

4. 仪器及用具 酒精棉、接种环、高压蒸汽灭菌器、恒温培养箱、超净工作台、动物剖检器械等。

【实验步骤】

(一) 细菌分离和培养

1. 细菌分离和培养的原则

(1) 病料采集:根据病原菌在患病动物体内分布情况,应采集病原体含量高的组织和器官(如肝、脾、肾、淋巴结、心血、浓汁、分泌物等)。注意无菌操作避免杂菌污染,采集物放入灭菌容器内,密封、标记。此外,注意防止病原体扩散。

(2) 选择培养基:应选择待分离菌最适合的培养基,确保营养成分和生长要素,保证和促进细菌生长。必要时可选用增菌培养基、选择培养基、鉴别培养基等。

(3) 培养条件:应选择和创造待分离菌适合的培养条件,如培养温度、培养时间、气体条件、湿度等。

(4) 获得纯培养物,保存菌株,防止杂菌污染。

2. 细菌分离培养基本程序 细菌分离培养是将被检材料(如病料、饲料、食品等)中分离获得目的菌株并进行纯培养物的过程,是在传染病诊断、细菌筛选等实验中常用的实验方法。

(1) 材料预处理:采集材料污染程度较大,影响目的菌株分离时,采用理化学方法(如酸、碱、热、抑菌剂等)将材料进行预处理后进行接种和分离培养,抑制或去除目的菌以外的杂菌生长,提高分离效果。材料预处理方法的采用应以目的菌株不能受到影响为原则。没有污染的材料可直接进行接种和分离培养。

（2）接种和培养：培养基选择应采用目的菌株适合生长的培养基（液体或固体培养基），若材料中细菌含量较少时，先进行增菌培养后，再进行分离。细菌分离一般采用固体平板培养基，将材料划线接种于固体培养基表面，经一定条件（适合细菌生长条件）下培养形成独立菌落，观察并筛选可疑菌落。也可接种于目的菌株的选择培养基或鉴别培养基上，挑选典型可疑菌落。

（3）纯培养和保存菌种：挑选上述典型可疑菌落，进行纯化获得纯培养物，经形态学观察、染色特性、生长特性及表现、生化特性等初步鉴定，筛选可疑阳性菌株，保存菌种，待继续鉴定。

（二）细菌鉴定

细菌鉴定是采用常规细菌学检测方法和技术，将待检可疑菌株经检测和分析，得出细菌定性的过程。常用方法介绍如下：

1. 形态及染色特性

（1）直接观察：将病料或细菌培养物制作涂片标本（湿片法、悬滴法），不经染色，直接显微镜观察。如细菌活体状态下的形态、动力和运动状况等。

（2）染色观察：将待检物制成染色标本，用显微镜观察细菌形态，并根据细菌染色反应特性加以分类鉴别。如革兰氏染色法（革兰氏阳性菌和阴性菌）、抗酸染色法（抗酸菌和非抗酸菌）等。某些细菌结构如鞭毛、荚膜、芽孢等，经特殊染色后便于观察。细菌染色标本制作和观察方法较多，用途也不同，根据实验需要选择采用，所以染色标本检查对细菌鉴定起重要作用。

2. 培养特性和生长特征

（1）培养特性：不同种类细菌的生长特性表现出差异，有利于细菌的区别和鉴定。如对氧及二氧化碳等气体的要求、生长温度、生长 pH、对生长因子需求及对盐的耐受性等。

（2）生长特征：细菌在不同培养基（液体、固体及半固体等）中生长繁殖，所表现出的现象随细菌种类不同有差异，在细菌鉴定中有着重要价值。如细菌菌落、菌落溶血、色素、气味、混浊、沉淀物、生长速度等。

3. 生化特性　　不同细菌种类的代谢途径、含有或产生的酶、合成产物、分解产物及产生能力等有区别，故利用相应的生化实验检测其特性，用于细菌的鉴定。细菌生化实验内容和项目繁多，根据待检菌的生化特性，要选择主要特征性的内容和项目进行检测。常用的生化实验有糖发酵实验、MR 实验、靛基质实验、V-P 实验、接触酶实验、H_2S 实验、淀粉水解实验、尿素酶实验、枸橼酸盐利用实验、凝固酶实验等。

4. 其他生物学特性检查

（1）噬菌体裂解实验：噬菌体感染裂解细菌具有严格的宿主特异性，只能感染特定的宿主细菌，并表现出溶菌现象。故利用已知的噬菌体检测待检菌株。

（2）动力实验：有动力的细菌在半固体琼脂培养基中沿穿刺线向四周呈树根状或弥散样生长。

（3）抑菌或敏感实验：利用细菌对某些抑菌物质或化学物质的反应表现差

异来区别和鉴定的方法。如杆菌肽敏感实验、抗生素敏感实验、染料抑菌实验、氰化钾抑菌实验、三糖铁琼脂实验等。

5. 动物感染实验　待检细菌菌株感染实验动物，经实验结果观察，如临床症状（发病或死亡）、病理剖检变化及病原体检查等，检测细菌致病性和毒力等。不同病原菌感染动物种类、临床症状及病理变化有些差异。

6. 血清学实验　血清学实验是根据抗原与相应的抗体在适宜的条件下，能在体外发生特异性结合的原理，用已知的抗体（或抗原）来检测未知的抗原（或抗体）的方法。常用于感染性疾病的诊断、病原体的检测及鉴定等。血清学实验的类型包括凝集反应、沉淀反应、补体结合反应及免疫标记技术等。常用血清学诊断试剂如沙门氏细菌诊断因子血清、某些细菌标准抗原或抗体、细菌抗毒素抗体等。

7. 分子生物学检测和鉴定　随着分子生物学技术的发展以及临床微生物学检验的应用，对细菌的鉴定，尤其是针对较难分离细菌的快速鉴定，变得容易和成为可能。此种方法具有快速、简便、灵敏等特点。鉴定细菌的分子生物学技术如下：

（1）核酸杂交技术：其原理是用带有标记物（如酶、荧光、同位素等）的已知序列核酸单链作为探针，按碱基互补的原则，探针与待测标本的核酸杂交，通过对杂交信号的检测，从而鉴定标本中有无相应的病原细菌基因及其大小。此法直接检出临床标本中的病原微生物。目前，有些检测试剂盒已商品化。

（2）核酸扩增技术：设计引物在待测标本中扩增出某些病原菌的特异性核酸片段，从而鉴定标本中有无相应的病原细菌基因，直接检出临床标本中的病原微生物。方法有反转录 PCR（RT - PCR）、巢式 PCR、多重 PCR 和随机引物 PCR 等。

【思考题】

1. 从病料中分离和培养细菌，应考虑的主要要素有哪些？
2. 分离细菌株的鉴定方法有哪几个方面？

实验51

病毒的分离及鉴定

【目的和要求】

1. 了解和掌握病毒分离及鉴定的方法。
2. 了解病毒的常用实验室诊断方法及原理。

【概述】

病毒的种类较多，不同种类的病毒在鉴定和诊断方法上有些区别和差异，但是病毒鉴定和诊断的基本原则类似，如病原学检查（形态及结构、生物学特性等）、免疫学检测（抗原、抗体等）、分子生物学检测（核酸、蛋白质等）等。不同的检测方法各具其优点和局限性。根据待检病毒的特征和鉴定及诊断的需要，选择适合的检测方法。病毒只能在活宿主内生长繁殖，所以病毒的分离及培养与细菌相比有一定的难度和条件上的限制。免疫学检测和分子生物学检测方法，在病毒的鉴定、诊断上起重要的作用和意义。本实验以鸡新城疫病毒为例，重点介绍病毒的初步分离和病毒的血凝（HA）及血凝抑制（HI）实验鉴定方法。其他方法作为简介。

【实验材料】

1. **病毒**　鸡新城疫病毒（NDV）。
2. **细胞**　9～10 日龄鸡胚、鸡胚成纤维细胞、鸡红细胞等。
3. **试剂**　细胞培养基、犊牛血清、鸡新城疫血清（阳性和阴性）等。
4. **器材**　细胞培养所用器材、96 孔板、移液器、CO_2 培养箱等。

【实验内容】

（一）病毒分离及培养

1. 样品采集　采集病料样品应是发病早期病例，以无菌操作采集如呼吸道分泌物、气管、肺、气囊、肠、泄殖腔、心血、脾脏、脑、肝脏等。

2. 样品处理　样品置于约 5 倍含抗生素（如青霉素 2 000IU/mL，链霉素 2mg/mL 等）的磷酸盐缓冲液（pH7.0～7.4）中，制成乳剂或悬浮液，先在室温下静置 1～2 h，置 4℃冰箱中 2～4h，然后在 2～8℃，以 2 000～2 500 r/min离心 10min（必要时用细菌滤器过滤除菌），取上清液，即为检验材料。临时用置 4℃保存备用。

3. 病毒分离培养　取上述处理液 0.1～0.2 mL 接种于 9～10 日龄的 SPF 鸡胚（或未经新城疫免疫的鸡胚）尿囊腔，37℃孵育 4～7 d，收集死亡和濒死鸡胚的尿囊液，作血凝（HA）实验。若初代鸡胚尿囊液 HA 实验阴性的不经稀释再盲传两代，再作 HA 实验。对 HA 阳性的鸡胚尿囊液，做无菌检查，如有细菌污染，用细菌滤器（0.22μm 微孔滤膜）过滤除菌，加入抗生素后再接种于 9～10 日龄的鸡胚，扩增病毒待鉴定。鸡胚尿囊液 HA 阳性，表明分离到了血球凝集性病毒，是不是鸡新城疫病毒还需要鉴定。

（二）病毒鉴定及诊断

1. 病毒的血凝（HA）及血凝抑制（HI）实验　某些病毒表面含有血凝素（HA），能与某些红细胞上的血凝素受体结合，使红细胞（如鸡、豚鼠、人 O 型血等红细胞）出现血凝现象。这种病毒的血凝现象，被相应病毒的抗血凝素抗体结合，抑制该病毒的血凝现象。病毒血凝作用是非特异性的，病毒的血凝抑制作用是特异性的，故用于病毒的检测。

（1）病毒的血凝（HA）实验：

①方法：取 96 孔，Ⅴ 型微量反应板，用微量移液器从 1 孔至 12 孔各加生理盐水 50μL；再用微量移液器吸取病毒液 50μL，加入第 1 孔中，吸吹混匀（3～5 次）后，吸取 50μL，加入第 2 孔中，吸吹混匀，依次倍比稀释至第 11 孔，从第 11 孔中弃去 50μL，第 12 孔不加病毒液作对照。参见表 51-1，向 1～12 孔各加 1‰鸡红细胞悬液 50μL，充分混匀（如用微量振荡器或手工旋转），在 37℃静置 15～30min 后，判定并记录结果。

②结果判定：病毒血凝实验结果以＋＋＋＋、＋＋＋、＋＋、＋及－表示。

＋＋＋＋（♯）：表示 100％的红细胞凝集，沉于孔底，平铺成网状。

＋＋＋：与"♯"基本相同，但边缘不整齐，红细胞微有下沉倾向。

＋＋：红细胞呈圆盘状沉于孔底，但周围有明显的小凝集块。

＋：红细胞沉于孔底，呈圆盘状，但周围不整齐。

－：红细胞呈圆盘状沉于孔底，边缘光滑。

③病毒血凝价：在反应体系中能使红细胞完全凝集（100％）的病毒最高稀释倍数。由表 51-1 可知，病毒的血凝价为 1∶128，则将病毒稀释为 1∶128，在 0.1 mL 中有一个凝集单位。病毒稀释度为 1∶64、1∶32 时，0.1mL 中分别含有 2、4 个凝集单位。第 12 孔为红细胞对照（无病毒）不应凝集。

表 51-1　病毒的血凝（HA）实验操作方法（μL）

孔号	1	2	3	4	5	6	7	8	9	10	11	12
病毒稀释度	1∶2	1∶4	1∶8	1∶16	1∶32	1∶64	1∶128	1∶256	1∶512	1∶1 024	1∶2 048	对照
生理盐水	50	50	50	50	50	50	50	50	50	50	50	50
病毒	50	50	50	50	50	50	50	50	50	50	50	
1‰鸡红细胞	50	50	50	50	50	50	50	50	50	50	50	50
				混匀，37℃（或室温，不低于 20℃）15～30min							弃去 50	
判定结果	♯	♯	♯	♯	♯	♯	♯	＋＋＋	＋＋	＋	－	－

（2）病毒的血凝抑制（HI）实验：

①微量 α 法血凝抑制实验：是检测被检材料中病毒的方法。

方法：取 96 孔，Ⅴ 型微量反应板，将待检病毒稀释（方法同血凝实验），作相同的两排（如第 1 排为血凝实验；第 2 排为 α 法血凝抑制实验，每排均为 1～12 孔）。第 1 排每孔各加生理盐水 50μL，第 2 排每孔各加一定稀释的病毒（新城疫病毒）阳性血清 50μL，充分混匀后，在 37℃或室温，静置 15～30min。之后，向两排每孔各加入 1‰鸡红细胞悬液 50μL，充分混匀，再于 37℃或室温，静置 20～30min，待对照组孔完全沉淀后判定并记录结果。

结果判定：第 1 排血凝实验和第 2 排 α 法血凝抑制实验，若两排孔的血凝价相差 2 个滴度以上判为阳性；血凝价相等或差异小于 2 个滴度者为阴性。

②微量 β 法血凝抑制实验：是检测被检血清中抗体的方法。

方法：取 96 孔，Ⅴ 型微量反应板，用微量移液器从 1 孔至 11 孔各加生理盐水 $50\mu L$；用微量移液器吸取待检血清 $50\mu L$，加入第 1 孔中，吸吹混匀（3～5次）后，吸取 $50\mu L$，加入第 2 孔中，吸吹混匀，依次倍比稀释至第 10 孔，从第 10 孔中弃去 $50\mu L$，第 11 孔为病毒对照，第 12 孔为阳性血清对照（加入 $50\mu L$ 阳性血清）。在 1～12 孔，每孔加入 4 个凝集单位病毒 $50\mu L$（根据病毒凝集实验测定并计算，参见凝集实验，如 1∶32），充分混匀后，在 37℃ 或室温，静置 15～30min。之后，每孔各加入 1％鸡红细胞悬液 $50\mu L$，充分混匀，在 37℃ 或室温静置 20～40min 后，判定并记录结果。参见表 51 - 2。

结果判定：能完全抑制红细胞凝集的最高血清稀释倍数为该血清的凝集抑制价（HI 效价）。第 11 孔为病毒对照应完全凝集，第 12 孔为阳性血清对照应完全不凝集。凡被已知阳性血清（抗体）抑制血凝者，该病毒与阳性血清是相对应的，可作定性。

表 51 - 2 病毒的血凝抑制（HI）实验操作方法（μL）

管号	1	2	3	4	5	6	7	8	9	10	11	12
血清稀释度	1∶2	1∶4	1∶8	1∶16	1∶32	1∶64	1∶128	1∶256	1∶512	1∶1 024	病毒对照	对照
生理盐水	50	50	50	50	50	50	50	50	50	50	50	
被检血清	50	50	50	50	50	50	50	50	50	50		50
4 单位病毒	50	50	50	50	50	50	50	50	50	50	50	50
				混匀，37℃（或室温，不低于20℃）10min						弃去 50		
1％鸡红细胞	50	50	50	50	50	50	50	50	50	50	50	50
				混匀，37℃（或室温，不低于20℃）20～40min								
判定结果	－	－	－	－	－	－	＋	＋＋	＋＋＋	＃	＃	－

2. 病毒的其他鉴定及诊断方法

（1）电子显微镜检查：被检材料（病料标本、病毒分离培养物等）经过负性染色用电子显微镜观察病毒粒子的形态、结构及大小等，用于病毒的鉴定。尤其是一些难以培养的病毒。

（2）免疫荧光和免疫化学染色检查：在病毒特异性抗体上结合荧光、胶体金等易观察和检测的标记物，利用抗原与抗体特异性结合的特性，检测组织、细胞、血液等标本中的病毒抗原，达到检测病毒的目的。

（3）病毒基因检测：随着分子生物学研究的快速发展，以核酸检测为主的一系列诊断方法已相继研制成功，这些技术相对于传统的病毒检测来说具有更准确、快速、可重复性强等优点，并且逐步成为病毒诊断的重要手段，如 PCR、RT - PCR、核酸探针等检测技术。

【思考题】

1. 病毒血凝及血凝抑制实验的原理及用途是什么？

2. α法血凝抑制实验与 β法血凝抑制实验的区别和用途是什么？

第四部分

附　录

附录 1 实验室意外事故的处理

微生物实验室存在化学方面的有毒、易燃、易爆、腐蚀和致癌物的危害，有时还要面临高压、紫外线和其他辐射的危害。另外，微生物工作者还会受到来自微生物菌株的危害。处理菌株、玻片和所有装过或接触过活菌株的容器时就要加倍小心，菌株主要通过消化道、呼吸道、伤口皮肤和眼部等途径造成人体的感染，一些微生物菌株甚至可以通过皮肤进入体内。实验室意外事故及其处理见下表。

实验室意外事故及其处理

意外事故		紧急处理
火险	酒精、汽油、乙醚、甲苯等有机溶剂着火	用湿布或沙土扑灭，绝不能用水，否则会扩大燃烧面积
	导线着火	应切断电源或用四氯化碳灭火器，不能用水、二氧化碳灭火器
	衣服被烧着	可用大衣包裹身体或躺在地上滚动，灭火时切不可奔走
	大量的易燃液体不慎倾出	立即关闭室内所有的火焰和电加热器。用毛巾或抹布擦拭撒出的液体，并将液体拧到大的容器中，然后再倒入带塞的玻璃瓶中
机械损伤	玻璃、金属割伤	先检查伤口内有无玻璃或金属碎片，再用硼酸水洗净，涂擦碘酒或红汞，必要时用纱布包扎。若伤口较大或过深而大量出血，应迅速在伤口上部和下部扎紧血管并立即到医院诊治
灼伤	强碱（如氢氧化钠、氢氧化钾）触及皮肤	要用大量自来水冲洗，再以5％硼酸氢钠或2％醋酸溶液洗涤
	强酸、溴等触及皮肤	要用大量自来水冲洗，再以5％碳酸氢钠或2％氢氧化钠溶液洗涤
	酚触及皮肤	可用酒精洗涤
烫伤	Ⅰ度灼伤（伤处红、痛、或红肿）	可擦医用橄榄油或用酒精敷盖伤处，若面积较大或部位重要应及时去医院治疗
	Ⅱ度灼伤（皮肤起泡）	不要弄破水泡，防止感染，若面积较大或部位重要应及时去医院治疗
	Ⅲ度灼伤（伤处皮肤呈棕色或黑色）	应用干燥无菌的纱布包扎，急送医院治疗

（续）

意外事故			紧急处理
中毒	煤气中毒		应到室外呼吸新鲜空气，若严重时应立即送医院治疗
	水银中毒	严重中毒	应送医院急救
		急性中毒	用炭粉或呕吐剂彻底洗胃，或食入蛋白（牛奶加鸡蛋）或蓖麻油解毒，使之呕吐
食入腐蚀性物质	食入酸		立即用大量清水漱口，并喝牛奶
	食入碱		立即用大量清水漱口，并喝5%醋酸、食醋、柠檬汁或类脂肪
	食入石炭酸		服用催吐剂使其吐出
	吸入菌液		立即用大量清水漱口，再用1∶1 000过锰酸钾溶液漱口

附录 2　实验用培养基的配制

1. 牛肉膏蛋白胨培养基（beef extract peptone medium）

牛肉膏	3 g
蛋白胨	10 g
NaCl	5 g
琼脂	15～20 g
水	1 000 mL

制法：调 pH 至 7.0～7.2，121℃ 灭菌 20 min。

用途：培养细菌用。

2. 高氏 1 号培养基（Cause 1 medium）

可溶性淀粉	20 g
KNO_3	1 g
NaCl	0.5 g
K_2HPO_4	0.5 g
$MgSO_4$	0.5 g
$FeSO_4$	0.01 g
琼脂	20 g
水	1 000 mL

制法：配制时，先用少量冷水，将淀粉调成糊状，倒入煮沸的水中，在火上加热，边搅拌边加入其他成分，溶化后，补足水分至 1 000 mL。调 pH 至 7.2～7.4。121℃ 灭菌 20 min。

用途：培养放线菌用。

3. 查氏培养基（Czapek medium）

$NaNO_3$	2 g
K_2HPO_4	1 g
KCl	0.5 g
$MgSO_4$	0.5 g
$FeSO_4$	0.01 g
蔗糖	30 g
琼脂	15～20 g
水	1 000 mL

制法：pH 自然。121℃ 灭菌 20 min。

用途：培养霉菌用。

4. 马丁氏琼脂培养基（Martin agar medium）

葡萄糖	10 g
蛋白胨	5 g
KH_2PO_4	1 g
$MgSO_4 \cdot 7H_2O$	0.5 g
1/3 000 孟加拉红（玫瑰红水溶液）	100 mL
琼脂	15～20 g
蒸馏水	800 mL

制法：pH 自然。121℃ 灭菌 30 min。临用前加入 0.03％链霉素稀释液 100 mL，使每毫升培养基中含链霉素 30 μg。

用途：分离真菌用。

5. 马铃薯培养基（potato medium）

马铃薯	200 g
蔗糖（或葡萄糖）	20 g
琼脂	15～20 g
水	1 000 mL

制法：马铃薯去皮，切成块煮沸 30 min，然后用纱布过滤，再加糖及琼脂，溶化后补足水至 1 000 mL，pH 自然。121℃灭菌 30 min。

用途：培养真菌用。

6. 半固体肉膏蛋白胨培养基（semi-solid beef extract peptone medium）

肉膏蛋白胨液体培养基	100 mL
琼脂	0.35～0.4 g

制法：pH 7.6，121℃灭菌 20 min。

用途：观察微生物的培养特性。

7. 明胶培养基（gelatin culture medium）

牛肉膏蛋白胨液	100 mL
明胶	12～18 g

制法：在水浴锅中将上述成分溶化，不断搅拌。pH 7.2～7.4，121℃灭菌 30 min。

用途：鉴别产蛋白酶菌株。

8. 蛋白胨水培养基（peptone water medium）

蛋白胨	10 g
NaCl	5 g
蒸馏水	1 000 mL

制法：pH 7.6，121℃灭菌 20 min。

用途：供细菌培养、吲哚实验之用。

9. 糖发酵培养基（sugar fermentation medium）

蛋白胨水培养基	1 000 mL
1.6％溴甲酚紫乙醇溶液	1～2 mL
pH	7.6

另配 20％糖溶液（葡萄糖、乳糖、蔗糖等）各 10 mL。

制法：（1）将上述含指示剂的蛋白胨水培养基（pH 7.6）分装于试管中，在每管内放一倒置的小玻璃管（Durham tube），使充满培养液。

（2）将已分装好的蛋白胨水和 20％的各种糖溶液分别灭菌，蛋白胨水 121℃灭菌 20 min；糖溶液 112℃灭菌 30 min。

（3）灭菌后，每管以无菌操作分别加入 20％的无菌糖溶液 0.5 mL（按每 10 mL 培养基中加入 20％的糖液 0.5 mL，则成 1％浓度）。

用途：用于糖发酵实验。

10. 葡萄糖蛋白胨水培养基（glucose peptone water medium）

蛋白胨	5 g
葡萄糖	5 g
K_2HPO_4	2 g
蒸馏水	1 000 mL

制法：将上述各成分溶于 1 000 mL 水中，调 pH7.0～7.2，过滤。分装试管，每管 10 mL，112℃灭菌 30 min。

用途：用于甲基红实验和吲哚实验用。

11. 柠檬酸盐培养基（citrate medium）

$NH_4H_2PO_4$	1 g
K_2HPO_4	1 g
NaCl	5 g
$MgSO_4$	0.2 g
柠檬酸钠	2 g
琼脂	15～20 g
蒸馏水	1 000 mL
1％溴香草酚蓝乙醇溶液	10 mL

制法：将上述各成分加热溶解后，调 pH6.8，然后加入指示剂，摇匀，用脱脂棉过滤。制成后为黄绿色，分装试管，121 ℃灭菌 20 min 后制成斜面。注意配制时控制好 pH，不要过碱，以黄绿色为准。

用途：用于柠檬酸盐利用实验。

12. 醋酸铅培养基（lead acetate medium）

牛肉膏蛋白胨琼脂（pH7.4）	100 mL
硫代硫酸钠	0.25 g
10％醋酸铅水溶液	1 mL

制法：将牛肉膏蛋白胨琼脂培养基 100mL 加热溶解，待冷至 60℃时加入硫代硫酸钠 0.25 g，调至 pH7.2，分装于三角瓶中，115℃灭菌 15 min。取出后待冷至 55～60℃，加入 10％醋酸铅水溶液（无菌）1 mL，混匀后倒入灭菌试管或平板中。

用途：用于硫化氢实验。

13. 血琼脂培养基（blood agar medium）

牛肉膏蛋白胨琼脂（pH7.6）	100 mL

脱纤维羊血（或兔血）	10 mL

制法：将牛肉膏蛋白胨琼脂加热溶化，待冷至 50℃时，加入无菌脱纤维羊血（或兔血）摇匀后倒平板或制成斜面。37℃过夜检查无菌生长即可使用。

用途：用于营养要求较高的细菌的培养及溶血实验。

14. 伊红美蓝培养基（EMB 培养基）（eosin methylene blue agar）

蛋白胨水琼脂培养基	100 mL
20％乳糖溶液	2 mL
2％伊红水溶液	2 mL
0.5％美蓝水溶液	1 mL

制法：将已灭菌的蛋白胨水琼脂培养基（pH7.6）加热溶化，冷却至 60℃左右时，再把已灭菌的乳糖溶液、伊红水溶液及美蓝水溶液按上述量以无菌操作加入。摇匀后，立即倒入平板。乳糖在高温灭菌易被破坏必须严格控制灭菌温度，115℃灭菌 20 min。

用途：一般用于检测大肠杆菌。

15. 尿素琼脂培养基（urea agar medium）

尿素	20 g
琼脂	15 g
NaCl	5 g
KH_2PO_4	2 g
蛋白胨	1 g
酚红	0.012 g
蒸馏水	1 000 mL
pH	6.8±0.2

制法：在蒸馏水或去离子水 100 mL 中，加入上述所有成分（除琼脂外）。混合均匀，过滤灭菌。将琼脂加入 900 mL 蒸馏水或去离子水中，加热煮沸。121℃灭菌 15 min。冷却至 50℃，加入灭菌的基本培养基，混匀后，分装于灭菌的试管中，放在倾斜位置上使其凝固。

用途：用于细菌脲酶检测。

16. 光合细菌（红螺菌）富集培养基［photosynthetic bacteria（*Rhodospirillum*）enrichment medium］

NH_4Cl	0.1 g
$NaHCO_3$	0.1 g
K_2HPO_4	0.02 g
CH_3COONa	0.1～0.5 g
$MgSO_4 \cdot 7H_2O$	0.02 g
NaCl	0.05～0.2 g
生长因子	1 mL
蒸馏水	97 mL
微量元素溶液	1 mL
pH	7.0

制法：（1）5％$NaHCO_3$ 水溶液，过滤除菌取 2 mL 加入无菌培养基中。

（2）生长因子：维生素 B_1 0.001mg、乙尼克丁酸 0.1mg、对氨基苯甲酸 0.1mg、生物素 0.001mg，以上药品溶于蒸馏水中，定容至 10 mL，然后过滤除菌。

（3）微量元素溶液：$FeCl_3 \cdot 6H_2O$ 5mg、$CuSO_4 \cdot 5H_2O$ 0.05mg、H_3BO_4 1mg、$MnCl_2 \cdot 4H_2O$ 0.05mg、$ZnSO_4 \cdot 7H_2O$ 1mg、$Co(NO_3)_2 \cdot 6H_2O$ 0.5mg，以上药品分别溶于蒸馏水中，并定容至 1 000 mL。

除（1）、（2）、（3）外，各成分溶解后灭菌 20min。然后分别加入（1）、（2）、（3），如加入0.1%～0.3%的蛋白胨则能促进该菌生长。

用途：光合细菌的富集培养。

17. 光合细菌（红螺菌）分离培养基 [photosynthetic bacteria (*Rhodospirillum*) separation medium]

NH_4Cl	0.1 g
$MgCl_2$	0.02 g
酵母膏	0.01 g
K_2HPO_4	0.05 g
NaCl	0.2 g
琼脂	2 g
蒸馏水	90 mL

制法：灭菌后，无菌操作加入经过滤除菌的 0.1g/mL $NaHCO_3$，再无菌加入过滤除菌的 0.1g 或 0.1 mL $Na_2S \cdot 9H_2O$（降低培养基的氧化还原值），最后再加入 5 mL 经过滤除菌的乙醇、戊醇或 4%丙氨酸。用过滤灭菌的 $0.1mol/H_3PO_3$ 调 pH 至 7.0。

用途：光合细菌的分离培养。

18. 甘露醇酵母浸出琼脂培养基（mannitol yeast extract agar）

甘露醇	10 g
K_2HPO_4	0.5 g
NaCl	0.1 g
酵母汁	100 mL
$MgSO_4 \cdot 7H_2O$	0.2 g
碳酸钙	3.0 g
蒸馏水	900 mL
pH	7.2

制法：酵母汁：称干酵母 100g，加蒸馏水 1 000mL，煮沸 1h 后，121℃灭菌 30min。冷却后，置冰箱中保存，待酵母完全沉淀，取上清液，即是酵母汁。

用途：培养根瘤菌。

19. Fahraeus 无氮植物营养液（Fahraeus nitrogen free nutrient solution）

$Na_2HPO_4 \cdot 2H_2O$	0.15 g
$CaCl_2 \cdot 2H_2O$	0.1 g
$MgSO_4 \cdot 7H_2O$	0.12 g
KH_2PO_4	0.1 g
柠檬酸铁	5 mg

Gibson 微量元素液	1 mL
水	1 000 mL

制法：Gibson 微量元素液配方：H_3BO_3 2.83g、$MnSO_4 \cdot 4H_2O$ 2.03g、$ZnSO_4 \cdot 7H_2O$ 0.22g、$Na_2MnO_4 \cdot 7H_2O$ 0.08g、$CaSO_4 \cdot 5H_2O$ 0.08g、水 1 000mL。

用途：根瘤菌的分离培养。

20. YMA 培养基（YMA medium）

甘露醇	10 g
酵母粉	1.0 g
Na_2SO_4	0.2 g
$CaCl_2 \cdot 6H_2O$	0.1 g
K_2HPO_4	0.5 g
NaCl	0.1 g

制法：根瘤菌微量元素液 4mL、琼脂 18~20g、蒸馏水 1 000mL、pH 7.0~7.2。
（无甘露醇时，可用等量蔗糖或甘油替代。）

根瘤菌微量元素液：H_3BO_3 5g、Na_2MnO_4 5g、蒸馏水 1 000mL。

用途：根瘤菌的分离培养。

21. 血清琼脂培养基（serum-supplied agar medium，SSM）

蛋白胨	10 g
牛肉膏	3 g
氯化钠	5 g
琼脂	20 g
动物血清	100 mL
蒸馏水	1 000 mL

制法：除血清以外各成分混合，加热溶解，矫正 pH 为 7.2~7.4，分装于三角烧瓶，121℃灭菌 20min，待冷却至 45~50℃，加入无菌动物血清 5~10mL，轻轻摇匀，立即倾注于灭菌平板或试管，制成平板或斜面备用。

用途：用于某些病原菌（马腺疫链球菌、巴氏杆菌等）的分离培养和菌落性状检查。

22. 血清肉汤培养基（serum-supplied broth medium，SSM）

蛋白胨	10 g
牛肉膏	3 g
氯化钠	5 g
动物血清	100 mL
蒸馏水	1 000 mL

制法：除血清以外各成分混合，加热溶解，矫正 pH 为 7.2~7.4，分装于三角烧瓶，121℃灭菌 20min，待冷却后，加入无菌动物血清 5~10mL，轻轻摇匀，分装于灭菌试管，经无菌检查后备用。

用途：用于培养营养要求较高的细菌培养。

23. 三糖铁培养基（triple sugar iron agar medium，TSI medium）

蛋白胨	20 g

牛肉膏	5 g
氯化钠	5 g
乳糖	10 g
葡萄糖	1 g
蔗糖	10 g
酚红	0.025 g
硫酸亚铁	0.2 g
硫代硫酸钠	0.2 g
琼脂	15 g

制法：称取上述材料，加热溶解于 1 000 mL 蒸馏水中，矫正 pH 为 7.2～7.4，分装于试管中，115℃高压灭菌 10 min，趁热制成斜面（底层约 2.5cm 高的斜面，既有高层又有斜面）备用。

用途：用于测定细菌对葡萄糖、乳糖、蔗糖的糖发酵反应。

24. 麦康凯培养基（Mac Conkey agar，MAC）

蛋白胨	20 g
猪胆盐（或牛、羊胆盐）	5 g
氯化钠	5 g
琼脂	20 g
乳糖	10 g
0.5％中性红水溶液	5 mL

制法：除中性红外上述成分混合，加热溶解，调整 pH 为 7.2～7.4。加入中性红水溶液，混匀，115 ℃灭菌 20 min 后。倾倒入灭菌平皿制成平板备用。

用途：用以分离培养肠道菌。

25. SS 琼脂（Salmonella Shigella agar）

牛肉膏	5 g
脒胨	5 g
胆盐	3.5 g
琼脂	8 g
蒸馏水	1 000 mL
乳糖	10 g
柠檬酸钠	8.5 g
硫代硫酸钠	8.5 g
柠檬酸铁铵	1 g
1％中性红溶液	2.5 mL
0.1％煌绿溶液	0.33 mL

制法：上述除染料（中性红、煌绿）以外其余各成分混合，煮沸溶解，校正 pH 至 7.0～7.2。加入中性红和煌绿溶液，充分混匀再加热煮沸，待冷至 50℃左右，倾注灭菌平皿中制成平板。注意此培养基不能高压灭菌。

用途：用于肠道致病菌的分离、鉴定。

26. 琼脂培养基（agar medium）

蛋白胨	10 g
牛肉膏	3 g
氯化钠	5 g
琼脂	15～20 g
蒸馏水	1 000 mL

制法：上述成分混合加热溶解，校正 pH 至 7.2～7.4，121℃高压灭菌15～20min。待冷至 50℃左右，倾注灭菌平皿中制成平板。

用途：常用于细菌的分离、培养及其他细菌检测等实验。

27. 胰蛋白胨琼脂培养基（tryptone agar，TA）

胰蛋白胨	20 g
盐酸硫胺素	0.005 g
氯化钠	5 g
葡萄糖	1 g
琼脂	20 g

方法：将上述成分混合加热溶解，校正 pH 至 7.0～7.2，121℃ 灭菌 20min。倾注灭菌平皿中制成平板。

用途：用于布鲁氏菌的培养，亦有利于巴氏杆菌、李氏杆菌的生长。

28. 改良罗氏培养基（improved Lowenstein-Jensen medium，L-J medium）

磷酸二氢钾	2.4 g
硫酸镁	0.24 g
柠檬酸镁	0.6 g
L-谷氨酸钠	7.2 g
孔雀绿	0.4 g
马铃薯淀粉	30 g
蒸馏水	1 000 mL

制法：称取上述材料，并吸取甘油 12 mL，加热搅拌溶解于 600 mL 蒸馏水中煮沸 5～10 min，121℃高压灭菌 15min 取出。待冷至 55℃左右时，以无菌操作加入无菌搅匀的全蛋液 1 000 mL，混匀（避免产生气泡），分装制成长斜面，用 85℃流动蒸汽灭菌 50 min，备用。

用途：用于结核分枝杆菌的培养。

29. 马铃薯牛肉膏培养基（potato beef extract medium）

马铃薯	260 g
牛肉膏	5 g
蛋白胨	10 g
甘油	40 mL
氯化钠	5 g
琼脂	30 g
蒸馏水	1 000 mL

制法：将马铃薯去皮，削成薄片，每260g薯片中，加1 000 mL蒸馏水，尽量避免暴露于空气；充分振荡，放55～60℃温箱中过夜；由温箱中取出，纱布过滤；按浸出液量加入牛肉膏、NaCl、蛋白胨、琼脂粉，加热溶解；待琼脂溶化后，加入甘油，搅拌均匀，调pH为7.2～7.4；分装于试管，121℃灭菌30min，趁热制成斜面。

用途：用于波氏杆菌、布鲁氏菌、副结核分枝杆菌等的培养。

30. 改良小川氏培养基（Ogawa's medium）

天冬素	1 g
磷酸二氢钾	1 g
甘油	6 mL
吐温80	1.5 mL
草分枝杆菌甘油浸液	6 mL
蒸馏水	100 mL
卵黄	200 mL
2％孔雀绿酒精液	3 mL

制法：先将除卵黄和孔雀绿外各成分混合煮沸20～30min，然后以无菌操作加入搅拌好的卵黄，再加孔雀绿酒精溶液，混匀后，用二层纱布过滤，分装于灭菌试管中，放血清凝固器内，间歇灭菌（第一次85℃ 30min，第二、三次80℃ 1h）。

用途：用于结核和副结核分枝杆菌的培养。

31. Korthof 培养基（Korthof medium）

蛋白胨	0.8 g
氯化钠	1.4 g
氯化钾	0.04 g
碳酸氢钠	0.02 g
磷酸氢二钠（2H$_2$O）	0.96 g
磷酸二氢钾	0.18 g
1％氯化钙	4 mL
兔血清	100 mL

制法：将上述材料（除血清外）加入1 000 mL蒸馏水中，加热溶解，100℃加热30min，冷后调pH至7.2，若不完全透明或有沉淀，可用G3漏斗过滤，定量分装。以115℃、30min高压灭菌。待冷却至55℃加入无菌新鲜兔血清100 mL，再置56～58℃水浴中灭活2h。分装于灭菌试管内。

用途：用于钩端螺旋体的分离培养。

32. 沙保氏培养基（Sabouraud medium，SDA）

葡萄糖	40 g
蛋白胨	10 g
蒸馏水	1 000 mL

制法：将葡萄糖、蛋白胨加入1 000 mL蒸馏水中，加热溶解，矫正pH至7.2，121℃灭菌15 min。

用途：用于普通真菌的培养。

33. 半固体培养基（semi-solid medium）

蛋白胨	10 g
牛肉膏	3 g
氯化钠	5 g
琼脂	2～5 g
蒸馏水	1 000 mL

制法：将上述成分混合加热溶解，矫正 pH 至 7.2，分装于试管中，以 115℃灭菌 20min，制成高层。

用途：用于细菌的运动性检测。

34. 细胞培养液（cell culture fluid）

MEM 培养液：将 MEM 培养基 9.4 g 和 NaHCO$_3$ 2.2 g，溶于 1 000 mL 三蒸馏水中，过滤除菌，分装，4℃保存备用。

细胞生长液：MEM 培养液中加入 10％～20％的无菌血清（犊牛或胎牛），用 NaHCO$_3$ 溶液或 HCl 溶液，调 pH 至 7.2～7.4。

细胞维持液：MEM 培养液中加入 2％～5％的无菌血清。

细胞冻存液：含 20％血清的细胞生长液，再加 10％二甲基亚砜（DMSO）。

35. 胰蛋白酶-EDTA 消化液（trypsin digestion of EDTA）

胰蛋白酶	0.25 g
EDTA	0.02 g
D-Hanks 液（或 PBS 液）	100 mL

制法：胰蛋白酶和 EDTA 溶于 100 mL D-Hanks 液，过滤除菌，分装于小瓶中，−20℃冻存备用。

用途：使组织或细胞分散成单个细胞，制成细胞悬液。

36. 平板计数琼脂培养基（plate count agar，PCA）

胰蛋白胨	5.0 g
酵母浸膏	2.5 g
葡萄糖	1.0 g
琼脂	15.0 g
蒸馏水	1 000 mL
pH	7.0±0.2

制法：将上述成分加于蒸馏水中，煮沸溶解，调节 pH。分装试管或锥形瓶，121℃高压灭菌 15min。

用途：用于各类食品、水中细菌总数的固体平板检测。

37. 月桂基硫酸盐胰蛋白胨肉汤（lauryl sulfate tryptose broth）

胰蛋白胨或胰酪胨	20.0 g
氯化钠	5.0 g
乳糖	5.0 g
磷酸氢二钾（K$_2$HPO$_4$）	2.75 g
磷酸二氢钾（KH$_2$PO$_4$）	2.75 g

月桂基硫酸钠	0.1 g
蒸馏水	1 000 mL
pH	6.8±0.2

制法：将上述成分溶解于蒸馏水中，调节 pH。分装到有玻璃小倒管的试管中，每管 10 mL。121℃高压灭菌 15 min。

用途：用于大肠杆菌的快速检验及 O157：H7 的检验。

38. 煌绿乳糖胆盐肉汤（brilliant green lactose bile broth）

蛋白胨	10.0 g
乳糖	10.0 g
牛胆粉（oxgall 或 oxbile）溶液	200 mL
0.1%煌绿水溶液	13.3 mL
蒸馏水	800 mL
pH	7.2±0.1

制法：将蛋白胨、乳糖溶于约 500 mL 蒸馏水中，加入牛胆粉溶液 200 mL（将 20.0 g 脱水牛胆粉溶于 200 mL 蒸馏水中，调节 pH 至 7.0～7.5），用蒸馏水稀释到 975 mL，调节 pH，再加入 0.1%煌绿水溶液 13.3 mL，用蒸馏水补足 1 000 mL，用棉花过滤后，分装到有玻璃小倒管的试管中，每管 10 mL。121℃高压灭菌 15 min。

用途：用于大肠菌群、大肠杆菌的测定。

39. 结晶紫中性红胆盐琼脂（violet red bile agar）

蛋白胨	7.0 g
酵母膏	3.0 g
乳糖	10.0 g
氯化钠	5.0 g
胆盐或 3 号胆盐	1.5 g
中性红	0.03 g
结晶紫	0.002 g
琼脂	15～18 g
蒸馏水	1 000 mL
pH	7.4±0.1

制法：将上述成分溶于蒸馏水中，静置几分钟，充分搅拌，调节 pH。煮沸 2 min，将培养基冷却至 45～50℃倾注平板。使用前临时制备，不得超过 3 h。

用途：用于大肠菌群的固体平板检测。

40. MRS 培养基（MRS medium）

蛋白胨	10.0 g
牛肉膏	10.0 g
酵母粉	5.0 g
柠檬酸二铵	2.0 g
葡萄糖	20.0 g
吐温 80	1.0 mL

乙酸钠	5.0 g
MgSO$_4$ · 7H$_2$O	0.58 g
MnSO$_4$ · H$_2$O	0.25 g
琼脂	15.0~20.0 g
蒸馏水	1 000 mL
pH	6.2~6.4

制法：将以上成分加入蒸馏水中，加热使完全溶解，调 pH 至 6.2~6.4，分装于三角瓶中，121℃高压灭菌 15 min。

用途：用于乳酸菌的检测。

41. 莫匹罗星锂盐改良 MRS 培养基（Mo mupirocin lithium salt modified MRS medium）

莫匹罗星锂盐储备液的制备：称取 50mg 莫匹罗星锂盐加入 50mL 蒸馏水中，用 0.22μm 微孔滤膜过滤除菌。

制法：将成分加入 950mL 蒸馏水中，加热溶解，调节 pH，分装后于 121℃高压灭菌 15~20min。临用时加热溶化琼脂，在水浴中冷却至 48℃，用带有 0.22μm 微孔滤膜的注射器将莫匹罗星锂盐储备液加入溶化琼脂中，使培养基中莫匹罗星锂盐的浓度为 50μg/mL。

用途：用于乳酸菌的检测。

42. 马丁孟加拉红-链霉素琼脂培养基（Martin rose Bengal-chain enzyme agar medium）

葡萄糖	10.0 g
蛋白胨	5.0 g
KH$_2$PO$_4$	1.0 g
MgSO$_4$ · 7H$_2$O	0.5 g
孟加拉红	33.4 g
琼脂	20 g
蒸馏水	1 000 mL
pH	5.5~5.7

制法：以上各成分溶解、调 pH、分装，于 121℃高压灭菌 20min。倒平板前按每 10mL 培养基加 1mL 0.03％链霉素溶液（含链霉素 30μg/mL）。

用途：抑制细菌和放线菌的生长，促进真菌的生长。

43. 肉汤蛋白胨斜面（bouillon peptone slope）

牛肉膏	5.0 g
蛋白胨	10.0 g
NaCl	5.0 g
蒸馏水	1 000 mL
pH	7.0~7.2

制法：以上各成分溶解、调 pH、分装，于 121℃高压灭菌 20min。配制固体培养基需加琼脂 1.5％~2％，半固体培养基可加琼脂 0.5％~0.8％。

用途：菌种的保藏。

44. 糖发酵管（sugar fermentation tube）

牛肉膏	5.0 g
蛋白胨	10.0 g
NaCl	3.0 g
十二水磷酸氢二钠	2.0 g
0.2%溴甲酚紫溶液	12.0 mL
蒸馏水	1 000 mL
pH	7.4±0.1

制法：（1）葡萄糖发酵管按上述成分配好后，校正 pH 至 7.4±0.1，按 0.5%加入葡萄糖，分装于有一个倒置小管的小试管内，121℃高压灭菌 15min。

（2）其他各种糖发酵管可按上述成分配好后，每瓶分装 100mL，121℃高压灭菌 15min。另将各种糖类分别配好 10%溶液，同时高压灭菌。将 5mL 糖溶液加入 100mL 培养基内，以无菌操作分装小试管。

用途：检测酵母菌和细菌等微生物的发酵作用。

45. MC 培养基（MC medium）

大豆蛋白胨	5.0 g
牛肉浸膏	5.0 g
酵母浸膏	5.0 g
葡萄糖	20.0 g
乳糖	20.0 g
碳酸钙	10.0 g
琼脂	15.0 g
蒸馏水	1 000 mL
1%中性红溶液	5 mL
硫酸多黏菌素 B（酌情加）	10 万 IU
pH	7.4±0.1

制法：将前面 7 种成分加入蒸馏水中，加热溶解，校正 pH 至 6，加入中性红溶液。分装烧瓶，121℃高压灭菌 15～20min。临用时加热溶化琼脂，冷至 50℃，酌情加或不加硫酸多黏菌素 B（检样有胖听或开罐后有异味等怀疑有杂菌污染时，可加硫酸多黏菌素 B 混匀后使用）。

用途：用于乳酸菌饮料中乳酸菌的菌落计数。

46. 缓冲蛋白胨水（buffered peptone water）

蛋白胨	10.0 g
NaCl	5.0 g
$NaH_2PO_4 \cdot 12H_2O$	9.0 g
KH_2PO_4	1.5 g
蒸馏水	1 000 mL
pH	7.2±0.2

制法：将各成分加入蒸馏水中，搅混均匀，静置约 10min，煮沸溶解，调节 pH，

121℃高压灭菌 15min。

用途：用于阪崎杆菌前增菌培养。

47. 四硫磺酸钠煌绿增菌液（four sulfonic acid sodium brilliant green broth，TTB）

（1）基础液：蛋白胨 10.0g，牛肉膏 5.0g，NaCl 3.0g，CaCO₃ 45.0g，蒸馏水 1 000 mL，pH 7.0±0.2。

除碳酸钙外，将各成分加入蒸馏水中，煮沸溶解，再加入碳酸钙，调节 pH，121℃高压灭菌 20 min。

（2）硫代硫酸钠溶液：硫代硫酸钠（含 5 个结晶水）50.0g，蒸馏水加至 100 mL。高压灭菌 20min。

（3）碘溶液：碘片 20.0g，碘化钾 25.0g，蒸馏水加至 100 mL。将碘化钾充分溶解于少量的蒸馏水中，再投入碘片，振摇玻瓶至碘片全部溶解为止，然后加蒸馏水至规定的总量，贮存于棕色瓶内，塞紧瓶盖备用。

（4）0.5%煌绿水溶液：煌绿 0.5g，蒸馏水 100 mL。溶解后，存放暗处，不少于 1d，使其自然灭菌。

（5）牛胆盐溶液：牛胆盐 10.0g，蒸馏水 100 mL。加热煮沸至完全溶解，121℃高压灭菌 20 min。

制法：基础液 900 mL，硫代硫酸钠溶液 100mL，碘溶液 20.0mL，煌绿水溶液 2.0mL，牛胆盐溶液 50.0mL。临用前，按上列顺序，以无菌操作依次加入基础液中，每加入一种成分，均应摇匀后再加入另一种成分。

用途：用于沙门氏菌选择性增菌培养。

48. 亚硒酸盐胱氨酸增菌液（selenite cystine broth）

蛋白胨	5.0 g
乳糖	4.0 g
磷酸氢二钠	10.0 g
亚硒酸氢钠	4.0 g
L-胱氨酸	0.01 g
蒸馏水	1 000 mL
pH	7.0±0.2

制法：除亚硒酸氢钠和 L-胱氨酸外，将各成分加入蒸馏水中，煮沸溶解，冷至 55 ℃以下，以无菌操作加入亚硒酸氢钠和 1g/L L-胱氨酸溶液 10mL（称取 0.1g L-胱氨酸，加 1mol/L 氢氧化钠溶液 15 mL，使溶解，再加无菌蒸馏水至 100mL 即成，如为 DL-胱氨酸，用量应加倍）。摇匀，调节 pH。

用途：用于沙门氏菌选择性增菌培养。

49. 亚硫酸铋琼脂（bismuth sulfite agar）

蛋白胨	10.0 g
牛肉膏	5.0 g
葡萄糖	5.0 g
硫酸亚铁	0.3 g
磷酸氢二钠	4.0 g

煌绿 0.025g 或 5.0g/L 水溶液	5.0 mL
柠檬酸铋铵	2.0 g
亚硫酸钠	6.0 g
琼脂	18.0～20.0 g
蒸馏水	1 000 mL
pH	7.5±0.2

制法：将前 3 种成分加入 300 mL 蒸馏水（制作基础液），硫酸亚铁和磷酸氢二钠分别加入 20mL 和 30mL 蒸馏水中，柠檬酸铋铵和亚硫酸钠分别加入另一 20mL 和 30mL 蒸馏水中，琼脂加入 600 mL 蒸馏水中。然后分别搅拌均匀，煮沸溶解。冷至80℃左右时，先将硫酸亚铁和磷酸氢二钠混匀，倒入基础液中，混匀。将柠檬酸铋铵和亚硫酸钠混匀，倒入基础液中，再混匀。调节 pH，随即倾入琼脂液中，混合均匀，冷至 50～55 ℃。加入煌绿溶液，充分混匀后立即倾注平皿。

注：本培养基不需要高压灭菌，在制备过程中不宜过分加热，避免降低其选择性，贮于室温暗处，超过 48 h 会降低其选择性，本培养基宜于当天制备，第二天使用。

用途：用于沙门氏菌选择性分离培养。

50. HE 琼脂（Hektoen Enteric agar）

蛋白胨	12.0 g
牛肉膏	3.0 g
乳糖	12.0 g
蔗糖	12.0 g
水杨素	2.0 g
胆盐	20.0 g
氯化钠	5.0 g
琼脂	18.0～20.0 g
蒸馏水	1 000 mL
0.4%溴麝香草酚蓝溶液	16.0 mL
Andrade 指示剂	20.0 mL
甲液	20.0 mL
乙液	20.0 mL
pH	7.5±0.2

制法：将前面 7 种成分溶解于 400mL 蒸馏水内作为基础液，将琼脂加入 600 mL 蒸馏水内。然后分别搅拌均匀，煮沸溶解。加入甲液和乙液于基础液内，调节 pH。再加入指示剂，并与琼脂液合并，待冷至 50～55 ℃倾注平皿。

注：①本培养基不需要高压灭菌，在制备过程中不宜过分加热，避免降低其选择性。②甲液的配制：硫代硫酸钠 34.0g，柠檬酸铁铵 4.0g，蒸馏水 100mL。③乙液的配制：去氧胆酸钠 10.0g，蒸馏水 100mL。④Andrade 指示剂：酸性复红 0.5g，1mol/L 氢氧化钠溶液 16.0 mL，蒸馏水 100mL。将复红溶解于蒸馏水中，加入氢氧化钠溶液。数小时后如复红褪色不全，再加氢氧化钠溶液 1～2mL。

用途：用于沙门氏菌的选择性分离培养。

51. 木糖赖氨酸脱氧胆盐琼脂（xylose lysine deoxycholate salt agar）

酵母膏	3.0 g
L-赖氨酸	5.0 g
木糖	3.75 g
乳糖	7.5 g
蔗糖	7.5 g
去氧胆酸钠	2.5 g
柠檬酸铁铵	0.8 g
硫代硫酸钠	6.8 g
氯化钠	5.0 g
琼脂	15.0 g
酚红	0.08 g
蒸馏水	1 000 mL
pH	7.4±0.2

制法：除酚红和琼脂外，将其他成分加入 400 mL 蒸馏水中，煮沸溶解，调节 pH。另将琼脂加入 600mL 蒸馏水中，煮沸溶解。将上述两溶液混合均匀后，再加入指示剂，待冷至 50～55℃倾注平皿。

注：本培养基不需要高压灭菌，在制备过程中不宜过分加热，避免降低其选择性，贮于室温暗处。本培养基宜于当天制备，第二天使用。

用途：用于肠道菌选择性分离。

52. 蛋白胨水（peptone water）

蛋白胨（或胰蛋白胨）	20.0 g
氯化钠	5.0 g
蒸馏水	1 000 mL
pH	7.4±0.2

制法：将上述成分加入蒸馏水中，煮沸溶解，调节 pH，分装于小试管，121 ℃高压灭菌 15 min。

注：蛋白胨中应含有丰富的色氨酸。每批蛋白胨买来后，应先用已知菌种鉴定后方可使用。

用途：用于细菌靛基质实验。

53. 氰化钾培养基（potassium cyanide medium，KCN）

蛋白胨	10.0 g
氯化钠	5.0 g
磷酸二氢钾	0.225 g
磷酸氢二钠	5.64 g
蒸馏水	1 000 mL
0.5%氰化钾	20.0 mL

制法：将除氰化钾以外的成分加入蒸馏水中，煮沸溶解，分装后 121 ℃高压灭菌 15min。放在冰箱内使其充分冷却。每 100mL 培养基加入 0.5%氰化钾溶液 2.0mL（最后浓

度为 1∶10 000），分装于无菌试管内，每管约 4mL，立刻用无菌橡皮塞塞紧，放在 4℃冰箱内，至少可保存两个月。同时，将不加氰化钾的培养基作为对照培养基，分装试管备用。

注：氰化钾是剧毒药，使用时应小心，切勿沾染，以免中毒。夏天分装培养基应在冰箱内进行。实验失败的主要原因是封口不严，氰化钾逐渐分解，产生氢氰酸气体逸出，以致药物浓度降低，细菌生长，因而造成假阳性反应。实验时对每一环节都要特别注意。

用途：用于细菌氰化钾实验。

54. 赖氨酸脱羧酶实验培养基 （lysine decarboxylase medium）

蛋白胨	5.0 g
酵母浸膏	3.0 g
葡萄糖	1.0 g
蒸馏水	1 000 mL
1.6%溴甲酚紫-乙醇溶液	1.0 mL
L-赖氨酸或 DL-赖氨酸	0.5g/100mL 或 1.0g/100mL
pH	6.8±0.2

制法：除赖氨酸以外的成分加热溶解后，分装每瓶 100mL，分别加入赖氨酸。L-赖氨酸按 0.5%加入，DL-赖氨酸按 1%加入。调节 pH。对照培养基不加赖氨酸。分装于无菌的小试管内，每管 0.5mL，上面滴加一层液体石蜡，115℃高压灭菌 10 min。

用途：用于细菌的赖氨酸脱羧酶实验。

55. ONPG 培养基 （ONPG medium）

邻硝基酚 β-D 半乳糖苷 （ONPG）	60.0 mg
0.01mol/L 磷酸钠缓冲液 （pH7.5）	10.0 mL
1%蛋白胨水 （pH7.5）	30.0 mL

制法：将 ONPG 溶于缓冲液内，加入蛋白胨水，以过滤法除菌，分装于无菌的小试管内，每管 0.5 mL，用橡皮塞塞紧。

用途：用于各类革兰氏阴性杆菌 β-半乳糖苷酶的产生能力检测。

56. 丙二酸钠培养基 （malonate broth）

酵母浸膏	1.0 g
硫酸铵	2.0 g
磷酸氢二钾	0.6 g
磷酸二氢钾	0.4 g
氯化钠	2.0 g
丙二酸钠	3.0 g
0.2%溴麝香草酚蓝溶液	12.0 mL
蒸馏水	1 000 mL
pH	6.8±0.2

制法：除指示剂以外的成分溶解于水，调节 pH，再加入指示剂，分装试管，121℃高压灭菌 15 min。

用途：用于细菌丙二酸盐利用实验。

57. 明胶琼脂平板培养基（gelatin agar medium）

牛肉浸膏	3～5 g
蛋白胨	10 g
氯化钠	5 g
琼脂	20～25 g
明胶	10 g
蒸馏水	1 000 mL
pH	7.6

制法：121℃高压灭菌 20min。

用途：用于明胶液化实验。

58. Hayflik 培养基（Hayflik medium）

牛心消化液（或浸出液）	1 000 mL
蛋白胨	10 g
NaCl	5 g
琼脂	15 g
pH	7.8～8.0

制法：按以上方法配制后分装每瓶 70mL，121℃湿热灭菌 15min，待冷却至 80℃左右，每 70mL 中加入马血清 20mL，25％鲜酵母浸出液 10mL，15％醋酸铊水溶液 2.5mL，青霉素 G 钾盐水溶液（20 万 IU 以上）0.5mL，以上混合后倾注平板。注意：醋酸铊是极毒的药品，需特别注意安全操作。

用途：用于支原体培养。

59. 普通乳糖蛋白胨培养基（lactose peptone culture medium）

蛋白胨	10 g
牛肉膏	3 g
乳糖	5 g
氯化钠	5 g
1.6％溴四酚紫乙醇溶液	1 mL
蒸馏水	1 000 mL
pH	7.2～7.4

制法：按配方分别称取蛋白胨、牛肉膏、乳糖、氯化钠，将它们溶于 1 000 mL 蒸馏水中，调节 pH 至 7.2～7.4，再加入 1 mL 1.6％溴四酚紫乙醇溶液，混匀后分装于试管内，每管 10 mL。另取一小支管倒放于试管中，使小支管内充满液体培养基。115℃下加压灭菌 20 min，取出备用。

用途：大肠杆菌培养。

60. 纤维素好氧分解固体培养基（cellulose aerobic decomposition of solid culture medium）

KH_2PO_4	1.0 g
$MgSO_4 \cdot 7H_2O$	0.3 g
$FeCl_3$	0.01 g
$CaCl_2$	0.1 g

NaNO₃	2.5 g
蒸馏水	1 000 mL
琼脂	20 g
pH	7.2～7.3

用途：培养降解纤维素的微生物。

61. 纤维素厌氧分解菌培养基（culture medium of anaerobic cellulose decomposing bacteria）

$Na(NH_4)HPO_4$	2.0 g
$MgSO_4 \cdot 7H_2O$	0.5 g
K_2HPO_4	1.0 g
$CaCl_2 \cdot 6H_2O$	0.3 g
蛋白胨	1.0 g
$CaCO_3$	5 g
蒸馏水	1 000 mL

制法：将上述培养基分装于 1.8 cm×8 cm 试管中，每管 15 mL，并在深层液体中放入一条 1 cm×8 cm 滤纸。

用途：培养降解纤维素的微生物。

62. LB 液体培养基（Luria-Bertani）

胰蛋白胨	10 g
酵母提取物	5 g
氯化钠	5 g
蒸馏水	1 000 mL

制法：上述成分混合加热溶解，校正 pH 至 7.2～7.4，分装于试管，包装。121℃高压灭菌 15～20min。

LB 琼脂培养基：在 LB 液体培养基中添加 2％的琼脂即可。

用途：常用于细菌的分离、培养及其他细菌检测等实验。

附录 3　实验用染色液及试剂的配制

一、染色液

1. 科兹洛夫斯基染色试剂

2%沙黄水溶液：沙黄 2 g，加入蒸馏水 100 mL，用乳钵研磨溶解。

1%孔雀绿水溶液：孔雀绿 1 g，加入蒸馏水 100 mL 溶解。

2. 抗酸染色试剂

石炭酸复红：3%复红酒精溶液（碱性复红 3g，加入 95%乙醇 100 mL）10 mL，加入 5%石炭酸水溶液（石炭酸 5g，溶于 100 mL 蒸馏水）90 mL。

3%盐酸酒精：加浓盐酸 3 mL 于 95%酒精 97 mL 中。

碱性美蓝：取美蓝饱和酒精溶液（亚甲蓝 2 g，加入 95%乙醇 100 mL）30 mL，加入 10%氢氧化钾 0.1 mL，水溶液 100 mL，混合。

3. 瑞氏染色试剂

瑞氏染料（粉）1 g，纯甲醇（不含醋酮）600 mL 中溶解，过滤后即成。

4. 鞭毛染色液

A 液：单宁酸 5.0g、$FeCl_3$ 1.5g、重蒸馏水 100mL。

待溶解后，加入 1%NaOH 溶液 1mL 和 15%甲醛溶液 2mL。

B 液：$AgNO_3$ 2.0g、重蒸馏水 100mL。

待 $AgNO_3$ 溶解后，取出 10mL 做回滴用。往 90mL B 液中滴加浓氨水，当出现大量沉淀时再继续加氨水，直到溶液中沉淀刚刚消失变澄清为止。然后用保留的 10mL B 液小心地逐滴加入，至出现轻微和稳定的薄雾为止（此步操作非常关键，应格外小心）。在整个滴加过程中要边滴边充分摇荡。

注意：配好的染色液当日有效，4h 内效果最好，次日使用效果变差。

5. 革兰氏染色液

（1）草酸铵结晶紫染液

A 液：结晶紫	2 g
95%乙醇	20 mL
B 液：草酸铵	5.0 g
蒸馏水	80 mL

混合 A、B 二液，静置 48 h 后使用。

（2）卢戈氏碘液

碘片	1 g
碘化钾	2 g
蒸馏水	300 mL

先将碘化钾溶解在少量水中，再将碘片溶解在碘化钾溶液中，待碘全溶后，加足水分即成。

（3）95％的乙醇溶液

（4）番红复染液

番红	2.5 g
95％乙醇	100 mL

取上述配好的番红乙醇溶液 10 mL 与 80 mL 蒸馏水混匀即成。

用途：用于革兰氏染色。

6. 美蓝（Levowitz Weber）染液

在盛有 52 mL 95％乙醇和 44 mL 四氯乙烷的三角烧瓶中，慢慢加入 0.6 g 氯化美蓝，旋摇三角烧瓶，使其溶解，5～10℃下，12～24 h，然后加入 4 mL 冰醋酸。用质量好的滤纸过滤。贮存于清洁的密闭容器内。

7. 姬姆萨（Giemsa）染液

姬姆萨染料	0.5 g
甘油	33 mL
甲醇	33 mL

将姬姆萨染料研细，然后边加入甘油边继续研磨，最后加入甲醇混匀，放 56℃ 1～24 h 后，即为姬姆萨贮存液。临用前在 1 mL 姬姆萨贮存液中加入 pH7.2 磷酸缓冲液 20 mL，配成使用液。

用途：用于姬姆萨染色。

二、试剂

1. D－Hanks 液

NaCl	8 g
KCl	0.4 g
$Na_2HPO_4 \cdot 12H_2O$	0.12 g
KH_2PO_4	0.06 g
0.4％酚红	0.5 mL
三蒸馏水	1 000 mL

制法：上述成分混合加热溶解，用 $NaHCO_3$ 调 pH 至 7.4，121℃ 灭菌 15 min 保存备用。

2. PBS 液（无 Ca^{2+}、Mg^{2+}，pH7.2）

NaCl	8.5 g
KCl	0.2 g
$Na_2HPO_4 \cdot 12H_2O$	2.89 g
KH_2PO_4	0.2 g
三蒸馏水	1 000 mL

制法：上述成分混合加热溶解，121℃ 灭菌 15 min 保存备用。

3. 抗生素溶液（含青霉素和链霉素）

青霉素	100 万 IU/瓶
链霉素	100 万 IU（1g/瓶）

三蒸馏水	100 mL

制法：将抗生素溶于 100 mL 灭菌三蒸馏水中，使抗生素终浓度为青霉素 1 万 IU /mL，链霉素 1 万 IU（10mg）/mL。分装小瓶，−20℃ 冻存备用。青霉素和链霉素的工作浓度一般分别为 100IU /mL、0.1 mg/mL。

4. 磷酸盐缓冲液

磷酸二氢钾（KH_2PO_4）	34.0 g
蒸馏水	500 mL
pH	7.2

制法：贮存液：称取 34.0 g 磷酸二氢钾溶于 500 mL 蒸馏水中，用大约 175 mL 1 mol/L 氢氧化钠溶液调节 pH，用蒸馏水稀释至 1 000 mL 后贮存于冰箱。

稀释液：取贮存液 1.25 mL，用蒸馏水稀释至 1 000 mL，分装于适宜容器中，121 ℃高压灭菌 15 min。

5. 靛基质（吲哚）**实验试剂**

Kovac 试剂：

对二甲基氨基苯甲醛 10g，戊醇 150mL，浓盐酸 50mL。

将对二甲基氨基苯甲醛溶于戊醇中，缓慢加入浓盐酸即可。

欧氏（Ehrlich）试剂：

对二甲基氨基苯甲醛 1g，95％乙醇 95mL，浓盐酸 20mL。

配法同 Kovac 试剂。

6. 甲基红（MR）实验试剂

甲基红试剂：甲基红 0.06 g，溶于 95％乙醇 180mL 中，蒸馏水 120 mL，混匀即可。

7. V－P 实验试剂

奥梅拉氏（O－Meara）试剂：0.3g 肌酸或肌酐溶于 100mL 40％氢氧化钾即成。

贝立脱氏（Barrit）试剂：

甲液：6％ α-萘酚乙醇溶液：将 α-萘酚 6g，溶于 95％乙醇 100mL 中即成。

乙液：16％KOH 溶液：KOH 16g，溶于 100 mL 蒸馏水中即成。

8. 氧化酶实验试剂

Gordon 试剂：将二甲基对苯二胺 1 g，溶于 100 mL 蒸馏水中，制成 1％水溶液即成。

9. 苏丹Ⅳ染色液

A 液：苏丹Ⅳ	0.5g
正丁醇	25mL
B 液：正丁醇	4.5 份（体积）
乙醇	5.5 份（体积）

将苏丹Ⅳ加入正丁醇，加热使之溶解，冷却后过滤即为 A 液，使用前将 A 液和 B 液按 7∶9 比例混合，过滤即成。

用途：用于观察放线菌气生菌丝。

附录 4　微生物学实验部分常用数据表

附表 4－1　大肠菌群可能数（MPN）检索表

阳性管数			MPN	95％可信限	
0.1	0.01	0.001		上限	下限
0	0	0	<3.0	—	9.5
0	0	1	3.0	0.15	9.6
0	1	0	3.0	0.15	11
0	1	1	6.1	1.2	18
0	2	0	6.2	1.2	18
0	3	0	9.4	3.6	38
1	0	0	3.6	0.17	18
1	0	1	7.2	1.3	18
1	0	2	11	3.6	38
1	1	0	7.4	1.3	20
1	1	1	11	3.6	38
1	2	0	11	3.6	42
1	2	1	15	4.5	42
1	3	0	16	4.5	42
2	0	0	9.2	1.4	38
2	0	1	14	3.6	42
2	0	2	20	4.5	42
2	1	0	15	3.7	42
2	1	1	20	4.5	42
2	1	2	27	8.7	94
2	2	0	21	4.5	42
2	2	1	28	8.7	94
2	2	2	35	8.7	94
2	3	0	29	8.7	94
2	3	1	36	8.7	94
3	0	0	23	4.6	94
3	0	1	38	8.7	110
3	0	2	64	17	180
3	1	0	43	9	180

（续）

阳性管数			MPN	95%可信限	
0.1	0.01	0.001		上限	下限
3	1	1	75	17	200
3	1	2	120	37	420
3	1	3	160	40	420
3	2	0	93	18	420
3	2	1	150	37	420
3	2	2	210	40	430
3	2	3	290	90	1 000
3	3	0	240	42	1 000
3	3	1	460	90	2 000
3	3	2	1 100	180	4 100
3	3	3	>1 100	420	—

注：（1）本表采用3个稀释度 [0.1、0.01 和 0.001g（mL）]，每个稀释度接种3管。

（2）表内所列检样量如改用1、0.1 和 0.01g（mL）时，表内数字应相应降低10倍；如改用0.01、0.001 和 0.000 1g（mL）时，则表内数字应相应提高10倍，其余类推。

附表4-2 常见沙门氏菌抗原表

菌　　名	原　　名	O抗原	H抗原	
			第1相	第2相
A　群				
甲型副伤寒沙门氏菌	*S. paratyphi* A	1, 2, 12	a	[1, 5]
B　群				
基桑加尼沙门氏菌	*S. kisangani*	[1], 4, [5], 12	b	1, 2
阿雷查瓦莱塔沙门氏菌	*S. arechavaleta*	4, [5], 12	b	[1, 7]
马流产沙门氏菌	*S. abortusequi*	4, 12	—	e, n, x,
乙型副伤寒沙门氏菌	*S. paratyphi* B	[1], 4, [5], 12	b	1, 2
利密特沙门氏菌	*S. limete*	[1], 4, 12, [27]	b	1, 5
阿邦尼沙门氏菌	*S. abony*	[1], 4, [5], 12, 27	b	e, n, x
维也纳沙门氏菌	*S. wien*	[1], 4, 12, [27]	b	l, w
伯里沙门氏菌	*S. bury*	4, 12, [27]	c	z_6
斯坦利沙门氏菌	*S. stanley*	[1], 4, [5], 12, [27]	d	1, 2
圣保罗沙门氏菌	*S. saintpaul*	[1], 4, [5], 12	e, h	1, 2
里定沙门氏菌	*S. reading*	[1], 4, [5], 12	e, h	1, 5

（续）

菌　名	原　名	O抗原	H抗原 第1相	H抗原 第2相
彻斯特沙门氏菌	*S. chester*	[1]，4，[5]，12	e, h	e, n, x
德尔卑沙门氏菌	*S. derby*	[1]，4，[5]，12	f, g	[1, 2]
阿贡纳沙门氏菌	*S. agona*	[1]，4，[5]，12	f, g, s	—
埃森沙门氏菌	*S. essen*	4，12	g, m	—
加利福尼亚沙门氏菌	*S. california*	4，12	g, m, t	[z_{67}]
金斯敦沙门氏菌	*S. kingston*	[1]，4，[5]，12，[27]	g, s, t	[1, 2]
布达佩斯沙门氏菌	*S. budapest*	[1]，4，12，[27]	g, t	—
鼠伤寒沙门氏菌	*S. typhimurium*	1，4，[5]，12	i	1, 2
拉古什沙门氏菌	*S. Lagos*	[1]，4，[5]，12	i	1, 5
布雷登尼沙门氏菌	*S. bredeney*	[1]，4，12，27	l, i	1, 7
基尔瓦沙门氏菌Ⅱ	*S. kilwa* Ⅱ	4，12	l, w	e, n, x
海德尔堡沙门氏菌	*S. heidelberg*	[1]，4，[15]，12	r	1, 2
印第安纳沙门氏菌	*S. indiana*	[1]，4，12	z	1, 7
斯坦利维尔沙门氏菌	*S. stanleyville*	1，4，[5]，12，27	z_4，z_{23}	[1, 2]
伊图里沙门氏菌	*S. ituri*	1，4，12	z_{10}	1, 5
C_1　群				
奥斯陆沙门氏菌	*S. oslo*	6，7，[14]	b	e, n, x
爱丁堡沙门氏菌	*S. edinburg*	6，7，[14]	b	1, 5
布隆方丹沙门氏菌Ⅱ	*S. bloemfontein* Ⅱ	6，7	b	[e, n, x]：z_{42}
丙型副伤寒沙门氏菌	*S. paratyphi C*	6，7，[Vi]	c	1, 5
猪霍乱沙门氏菌	*S. choleraesuis*	6，7	c	1, 5
猪伤寒沙门氏菌	*S. typhisuis*	6，7	c	1, 5
罗米他沙门氏菌	*S. lomita*	6，7	e, h	1, 5
布伦登卢普沙门氏菌	*S. braenderup*	6，7，[14]	e, h	e，n，z_{15}
里森沙门氏菌	*S. rissen*	6，7，[14]	f, g	—
蒙得维的亚沙门氏菌	*S. montevideo*	6，7，[14]	g, m, [p], s	[1, 2, 7]
里吉尔沙门氏菌	*S. riggil*	6，7	g, t	—
奥雷宁堡沙门氏菌	*S. oranieburg*	6，7，[14]	m, t	[2, 5, 7]
奥里塔蔓林沙门氏菌	*S. oritamerin*	6，7	i	1, 5
汤卜逊沙门氏菌	*S. thompson*	6，7，[14]	k	1, 5
康科德沙门氏菌	*S. concord*	6，7	l, v	1, 2
伊鲁木沙门氏菌	*S. irumu*	6，7	l, v	1, 5
姆卡巴沙门氏菌	*S. mkamba*	6，7	l, v	1, 6
波恩沙门氏菌	*S. bonn*	6，7	l, v	e, n, x

（续）

菌　名	原　名	O 抗原	H 抗原	
			第 1 相	第 2 相
波茨坦沙门氏菌	S. potsdam	6，7，[14]	l，v	e，n，z_{15}
格但斯克沙门氏菌	S. gdansk	6，7，[14]	l，v	z_6
维尔肖沙门氏菌	S. virchow	6，7，[14]	r	1，2
婴儿沙门氏菌	S. infantis	6，7，[14]	r	1，5
巴布亚沙门氏菌	S. papuana	6，7	r	e，n，z_{15}
巴累利沙门氏菌	S. bareilly	6，7，[14]	y	1，5
哈特福德沙门氏菌	S. hartford	6，7	y	e，n，x
三河岛沙门氏菌	S. mikawasima	6，7，[14]	y	e，n，z_{15}
姆班达卡沙门氏菌	S. mbandaka	6，7，[14]	z_{10}	e，n，z_{15}
田纳西沙门氏菌	S. tennessee	6，7，[14]	z_{29}	[1，2，7]
布伦登卢普沙门氏菌	S. braenderup	6，7，[14]	e，h	e，n，z_{15}
耶路撒冷沙门氏菌	S. jerusalem	6，7，[14]	z_{10}	l，w
C₂　群				
习志野沙门氏菌	S. narashino	6，8	b	e，n，x
名古屋沙门氏菌	S. nagoya	6，8	b	1，5
加瓦尼沙门氏菌	S. gatuni	6，8	b	e，n，x
慕尼黑沙门氏菌	S. muenchen	6，8	d	1，2
蔓哈顿沙门氏菌	S. manhattan	6，8	d	1，5
纽波特沙门氏菌	S. newport	6，8，[20]	e，h	1，2
科特布斯沙门氏菌	S. kottbus	6，8	e，h	1，5
茨昂威沙门氏菌	S. tshiongwe	6，8	e，h	e，n，z_{15}
林登堡沙门氏菌	S. lindenburg	6，8	i	1，2
塔科拉迪沙门氏菌	S. takoradi	6，8	i	1，5
波那雷恩沙门氏菌	S. bonariensis	6，8	i	e，n，x
利齐菲尔德沙门氏菌	S. litchfield	6，8	l，v	1，2
病牛沙门氏菌	S. bovismorbificans	6，8，[20]	r，[i]	1，5
查理沙门氏菌	S. chailey	6，8	z_4，z_{23}	e，n，z_{15}
C₃　群				
巴尔多沙门氏菌	S. bardo	8	e，h	1，2
依麦克沙门氏菌	S. emek	8，[20]	g，m，s	—
肯塔基沙门氏菌	S. kentucky	8，[20]	i	z_6
D　群				
仙台沙门氏菌	S. sendai	[1]，9，12	a	1，5

（续）

菌　名	原　名	O抗原	H抗原 第1相	H抗原 第2相
伤寒沙门氏菌	*S. typhi*	9，12，[Vi]	d	—
塔西沙门氏菌	*S. tarshyne*	9，12	d	1，6
伊斯特本沙门氏菌	*S. eastbourne*	[1]，9，12	e, h	1，5
以色列沙门氏菌	*S. israel*	9，12	e, h	e, n, z_{15}
肠炎沙门氏菌	*S. enteritidis*	[1]，9，12	g, m	[1，7]
布利丹沙门氏菌	*S. blegdam*	9，12	g, m, q	—
沙门氏菌 II	*Salmonella* II	1，9，12	g, m, [s], t	[1，5，7]
都柏林沙门氏菌	*S. dublin*	1，9，12，[Vi]	g, p	—
芙蓉沙门氏菌	*S. seremban*	9，12	i	1，5
巴拿马沙门氏菌	*S. panama*	[1]，9，12	l, v	1，5
戈丁根沙门氏菌	*S. goettingen*	9，12	l, v	e, n, z_{15}
爪哇安纳沙门氏菌	*S. javiana*	[1]，9，12	l, z_{28}	1，5
鸡-雏沙门氏菌	*S. gallinarum-pullorum*	[1]，9，12	—	—
E_1　群				
奥凯福科沙门氏菌	*S. oke foko*	3，10	c	z_6
瓦伊勒沙门氏菌	*S. vejle*	3，10，[15]	e, h	1，2
明斯特沙门氏菌	*S. muenster*	3，10，[15]，[15，14]	e, h	1，5
鸭沙门氏菌	*S. anatum*	3，[10]，[15]，[15，14]	e, h	1，6
纽兰沙门氏菌	*S. newlands*	3，[10]，[15，14]	e, h	e, n, x
火鸡沙门氏菌	*S. meleagridis*	3，[10]，[15]，[15，14]	e, h	l, w
雷根特沙门氏菌	*S. regent*	3，10	f, g, [s]	[1，6]
西翰普顿沙门氏菌	*S. westhampton*	3，10，[15]，[15，34]	g, s, t	—
阿姆德尔尼斯沙门氏菌	*S. amounderness*	3，10	i	1，5
新罗歇尔沙门氏菌	*S. new-rochelle*	3，10	k	l, w
恩昌加沙门氏菌	*S. nchanga*	3，10，[15]	l, v	1，2
新斯托夫沙门氏菌	*S. sinstorf*	3，10	l, v	1，5
伦敦沙门氏菌	*S. london*	3，10，[15]	l, v	1，6
吉韦沙门氏菌	*S. give*	3，10，[15]，[15，14]	l, v	1，7
鲁齐齐沙门氏菌	*S. ruzizi*	3，10	l, v	e, n, z_{15}
乌干达沙门氏菌	*S. uganda*	3，10，[15]	l, z_{13}	1，5
乌盖利沙门氏菌	*S. ughelli*	3，10	r	1，5
韦太夫雷登沙门氏菌	*S. weltevreden*	3，10，[15]	r	z_6
克勒肯威尔沙门氏菌	*S. clerkenwell*	3，10	z	l, w

（续）

菌　名	原　名	O 抗原	H 抗原 第 1 相	H 抗原 第 2 相
列克星敦沙门氏菌	*S. lexington*	3，10，[15]，[15，14]	z_{10}	1，5
		E_4 群		
萨奥沙门氏菌	*S. sao*	1，3，19	e，h	e，n，z_{15}
卡拉巴尔沙门氏菌	*S. calabar*	1，3，19	e，h	l，w
山夫登堡沙门氏菌	*S. senftenberg*	1，3，19	g，[s]，t	—
斯特拉特福沙门氏菌	*S. stratford*	1，3，19	i	1，2
塔克松尼沙门氏菌	*S. taksony*	1，3，19	i	z_6
索恩保沙门氏菌	*S. schoeneberg*	1，3，19	z	e，n，z_{15}
		F 群		
昌丹斯沙门氏菌	*S. chandans*	11	d	e，n，x
阿柏丁沙门氏菌	*S. aberdeen*	11	i	1，2
布里赫姆沙门氏菌	*S. brijbhumi*	11	i	1，5
威尼斯沙门氏菌	*S. veneziana*	11	i	e，n，x
阿巴特图巴沙门氏菌	*S. abaetetuba*	11	k	1，5
鲁比斯劳沙门氏菌	*S. rubislaw*	11	r	e，n，x
		其他群		
浦那沙门氏菌	*S. poona*	[1]，13，22	z	1，6
里特沙门氏菌	*S. ried*	[1]，13，22	z_4，z_{23}	[e，n，z_{15}]
密西西比沙门氏菌	*S. mississippi*	13，23	b	1，5
古巴沙门氏菌	*S. cubana*	[1]，13，23	z_{29}	—
苏拉特沙门氏菌	*S. surat*	[1]，6，14，[25]	r，[i]	e，n，z_{15}
松兹瓦尔沙门氏菌	*S. sundsvall*	[1]，6，14，25	z	e，n，x
非丁伏斯沙门氏菌	*S. hvittingfoss*	16	b	e，n，x
威斯敦沙门氏菌	*S. weston*	16	e，h	z_6
上海沙门氏菌	*S. shanghai*	16	l，v	1，6
自贡沙门氏菌	*S. zigong*	16	l，w	1，5
巴圭达沙门氏菌	*S. baguida*	21	z_4，z_{23}	—
迪尤波尔沙门氏菌	*S. dieuoppeul*	28	i	1，7
卢肯瓦尔德沙门氏菌	*S. luckenwalde*	28	z_{10}	e，n，z_{15}
拉马特根沙门氏菌	*S. ramatgan*	30	k	1，5
阿德莱沙门氏菌	*S. adelaide*	35	f，g	—
旺兹沃思沙门氏菌	*S. wandsworth*	39	b	1，2
雷俄格伦德沙门氏菌	*S. riogrande*	40	b	1，5
莱瑟沙门氏菌	*S. lethe* Ⅱ	41	g，t	—
达莱姆沙门氏菌	*S. dahlem*	48	k	e，n，z_{15}
沙门氏菌Ⅲb	*Salmonella* Ⅲb	61	l，v	1，5，7；[z_{57}]

附录5 玻璃器皿及玻片洗涤法

玻璃器皿在使用过程中会沾上胶液、油腻等污垢，贮藏保管不慎会产生霉斑等。清洗的目的就在于除去玻璃器皿上的污垢，使其得到正确的实验结果。通常清洗方法有两类：一是机械清洗方法，即用铲、刮、刷等方法清洗；二是化学清洗方法，即用各种化学去污溶剂清洗。具体的清洗方法要根据污垢状况及性质决定。

1. 玻璃器皿的洗涤

（1）初用玻璃器皿的洗涤法：新购置的玻璃器皿表面含有游离碱，应用2%盐酸溶液浸泡数小时，以中和其碱质，再用水充分冲洗干净。新的载玻片和盖玻片先用2%盐酸溶液浸泡1h，再用水洗净，用软布擦干浸入滴有少量盐酸的乙醇溶液中，保存备用。

（2）一般玻璃器皿的洗涤法：三角瓶、烧杯、培养皿、试管等玻璃器皿可用毛刷及洗涤剂或去污粉或肥皂刷洗，用自来水冲洗干净，最后用蒸馏水洗2～3次。如果器皿上沾有蜡或油漆等物质，可用加热的方法或用有机溶剂（汽油、苯、丙酮等）擦拭；如器皿沾有焦油、树脂等物质，可用浓硫酸或40%氢氧化钠溶液浸泡，也可用洗涤液浸泡。如果器皿要盛高纯度的化学药品或者做较精确的实验，可先在洗液中浸泡过夜，再用自来水冲洗，最后用蒸馏水洗2～3次。洗刷干净的玻璃器皿烘干备用。染菌的玻璃器皿，应先经121℃高压蒸汽灭菌20～30min后取出，趁热倒出容器内的培养物，再用热的洗涤剂溶液洗刷干净，最后用水冲洗。染菌的移液管和毛细吸管，使用后应立即放入5%石炭酸溶液中浸泡数小时，先灭菌，然后再冲洗。

（3）载玻片及盖玻片的洗涤法：用过的载玻片与盖玻片如有香柏油，先用皱纹纸擦去或浸在二甲苯内使油垢溶解后放入1%洗衣粉溶液中煮沸，待冷却后，逐个用自来水清洗，待干后浸泡于95%乙醇，保存备用。已用过的带有活菌的载玻片或盖玻片可先浸在5%石炭酸溶液中，或0.1%升汞溶液中消毒24～48h后，再按上述方法清洗。使用前，用干净纱布擦去酒精，并经火焰微热，挥发残余酒精，再用水滴检查，如水滴在玻片上均匀分布成薄层而不产生水珠，方可使用。

（4）血球计数板的洗涤法：血球计数板使用后应立即用自来水冲洗，可用95%酒精浸泡或用酒精棉轻轻擦拭。检查镜检计数区，重复洗涤至洁净为止。不能用硬物擦洗或洗刷，以免损坏网格刻度。洗净后晾干或用吹风机吹干，放入盒内保存。

（5）含有琼脂培养基的玻璃器皿的洗涤法：用小刀或玻璃棒将器皿中的琼脂培养基刮下，如果琼脂培养基已经干燥，放在少量水中煮沸，使琼脂溶化后趁热倒出，然后按上述方法清洗。

2. 光学玻璃的清洗 光学玻璃用于仪器的镜头、镜片、棱镜、玻片等，使用过程中容易沾上油污、水溶性污物、指纹等，影响成像及透光率。清洗光学玻璃，应根据污垢的特点、不同结构选用不同的清洗剂、清洗工具及清洗方法。

　　清洗镀有增透膜的镜头，如照相机、投影仪、显微镜的镜头，可用 30％酒精和 70％乙醚配制清洗剂清洗。清洗时应用软毛刷或棉球沾少量清洗剂，从镜头中心向外做圆周运动。切忌将镜头浸泡在清洗剂中清洗；清洗镜头不得用力擦拭，否则会划伤增透膜，损坏镜头。清洗棱镜、平面镜的方法，可依照清洗镜头的方法进行。

　　光学玻璃表面生霉后，光线在其表面发生散射，使成像模糊不清，严重者将使仪器报废。生霉原因是霉菌孢子在温度、湿度适宜和有营养物时生长形成霉斑。消除霉斑可用 0.1％～0.5％乙基含氢二氯硅烷与无水酒精配制的清洗剂清洗，潮湿天气还需掺入少量的乙醚，或用环氧丙烷、稀氨水等清洗。使用上述清洗剂也能清洗光学玻璃上的油脂性雾、水湿性雾和油水混合性雾，其清洗方法与清洗镜头方法相似。

3. 实验室常用洗涤剂的种类和配制方法

　　（1）肥皂：使用时多用湿刷子（试管刷、瓶刷）沾肥皂刷洗容器，再用水洗去肥皂。热的肥皂水（5％）去污力很强，洗去器皿上的油脂很有效。

　　（2）去污粉：用时将一般玻璃器皿或搪瓷器皿润湿，将去污粉涂在污点上，用布或刷子擦拭，再用水洗去去污粉。

　　（3）洗衣粉：常用 1％洗衣粉溶液洗涤载玻片和盖玻片，能达到良好的清洁效果。

　　（4）铬酸洗液（重铬酸钾-硫酸洗液，简称洗液或清洁液）：广泛用于玻璃器皿的洗涤，常用的配制方法有 4 种：

　　① 取 100mL 工业浓硫酸置于烧杯内，小心加热，然后慢慢地加入重铬酸钾粉末，边加边搅拌，待全部溶解后冷却，贮于带玻璃塞的细口瓶内。

　　② 称取 5g 重铬酸钾粉末置于 250mL 烧杯中，加水 5mL，尽量使其溶解。慢慢加入 100mL 浓硫酸，边加边搅拌，冷却后贮存备用。

　　③ 称取 80g 重铬酸钾，溶于 1 000mL 自来水中，慢慢加入工业浓硫酸 1 000mL，边加边搅拌。

　　④ 称取 200g 重铬酸钾，溶于 500mL 自来水中，慢慢加入工业浓硫酸 500mL，边加边搅拌。

　　（5）浓盐酸（工业用）：可洗去水垢或某些无机盐沉淀。

　　（6）5％草酸溶液：可洗去高锰酸钾的痕迹。

　　（7）5％～10％磷酸三钠（$Na_3PO_4 \cdot 12H_2O$）溶液：可洗涤油污物。

　　（8）30％硝酸溶液：洗涤 CO_2 测定仪器及微量滴管。

　　（9）5％～10％乙二铵四乙酸二钠（EDTA）溶液：加热煮沸可洗去玻璃器皿内壁的白色沉淀物。

　　（10）尿素洗涤液：为蛋白质的良好溶剂，适用于洗涤盛蛋白质制剂及血样的容器。

　　（11）酒精与浓硝酸混合液：最适合于洗净滴定管，在滴定管中加入 3mL 酒精，然后沿管壁慢慢加入 4mL 浓硝酸（相对密度 1.4），盖住滴定管管口。利用所产生的氧化氮洗净滴定管。

　　（12）有机溶液：如丙酮、乙醇、乙醚等可用于洗脱油脂、脂溶性染料等污痕。二甲苯可洗去油漆污垢。

　　（13）氢氧化钾-乙醇溶液和含有高锰酸钾的氢氧化钠溶液：两种强碱性的洗涤液，对玻璃器皿的侵蚀性很强，清除容器内壁污垢，洗涤时间不宜过长。使用时应小心谨慎。

附录6　实验常用中英名词对照表

A

阿须贝无氮培养基 Ashby nitrogen-free medium

氨苄青霉素 ampicillin

暗视野显微镜 dark-field microscope

B

巴斯德消毒法 Pasteurization

伴孢晶体 parasporal crystals

孢囊孢子 sporangiospore

孢子囊 sporangium（复：sporangia）

孢子囊柄 sporangiophore

杯碟法 cylinder-plate method

苯胺黑（黑色素）nigrosin

比浊法 turbidimetry

C

测微尺 micrometer

察氏培养基 Czapek's medium

产氨实验 production of ammonia test

沉淀反应 precipitation reaction

沉淀素 precipitin

沉淀原 precipintiogen

穿刺培养 stab culture

纯化 purification

D

单菌落 single colony

单筒显微镜 monocular microscope

淀粉水解实验 hydrolysis of starch test

豆芽汁葡萄糖培养基 soybean sprout extract glucose medium

杜氏小管 Duchenne tubule

对流免疫电泳 counter immunoelectro-phoresis

多黏菌素 polymyxin

E

EMB 培养基 eosin methylene blue medium

F

发酵液 fermentation solution

番红（沙黄、藏花红）safranin

分辨率（清晰度）resolving power (resolution)

分离 isolation

分生孢子 conidium（复：conidia）

分生孢子梗 conidiophore

负染色 negative stain

复染 redye，redyeing

G

盖玻片 cover glass

干热灭菌 hot oven sterilization

干燥箱 drying oven

高氏 1 号合成培养基 Gause's No. 1 synthetic medium

高压蒸汽灭菌 high pressure steam sterili-zation

革兰氏碘液 Gram's iodine solution

革兰氏染色 Gram's stain

革兰氏阳性菌 Gram-positive bacteria, G+

革兰氏阴性菌 Gram-negative bacteria, G−

根瘤菌 nodule bacteria

固氮作用 nitrogen fixation

硅胶 silica gel

国际单位制 international system of units，SI

H

好氧细菌 aerobic bacterium（复：bacteria）

恒温箱 incubator

厚垣孢子 chlamydospore

划线培养 streak culture

J

计数室 counting chamber

荚膜染色 capsule stain

甲基红（MR）methyl red

假根 rhizoid

假菌丝 pseudohypha

兼性厌氧菌 faculative anaerobe

简单染色 simple stain

碱性复红 basic fuchsin

碱性染料 basic dye

酵母甘露醇培养基 yeast extract mannitol medium

酵母菌 yeast

接合 conjugation

接合孢子 zygospore

接种环 inoculating loop

接种针 inoculating needle

节孢子 arthrospore

结晶紫 crystal violet

镜台测微尺 stage micrometer

酒精发酵 alcoholic fermentation

局限性转导 specialized transduction

聚-β-羟基丁酸 poly-β-hydroxybutyrate，PHB

菌落 colony

菌丝 hypha（复：hyphae）

菌丝体 mycelium（复：mycelia）

K

卡那霉素 kanamycin

抗菌谱 antibiotic spectrum

抗生素 antibiotics

抗生素发酵 antibiotic fermentation

抗体 antibody

抗血清 antiserum

抗原 antigen

孔雀绿 malachite green

L

来苏尔 lysol

蓝细菌 cyanobacteria

液体接种 broth transfer

酪蛋白水解培养基 casein hydrolysate medium

立克次氏体 Rickettsia

利夫森氏鞭毛染色 Leifson's flagella stain

链霉素 streptomycin

滤膜法 membrane filter technique

吕氏美蓝液 Loeffler's methylene blue

氯霉素 chloramphenicol

螺旋体 spirochaetal

M

马丁培养基 Martin's medium

马铃薯葡萄糖培养基 potato extract glucose medium

麦芽汁培养基 malt extract medium

媒染剂 mordant

霉菌 mould，mold

棉塞 cotton plug

免疫血清 immune serum

灭菌 sterilization

明胶液化试验 gelatin liquefaction test

目镜测微尺 ocular micrometer

N

奈氏试剂 Nessler's reagent
耐氧细菌 aerotolerant bacteria
柠檬酸盐培养基 citrate medium
凝集反应 agglutination reaction
凝集素 agglutinin
凝集原 agglutinogen
凝胶扩散 gel diffusion
黏合 agglutinate
牛肉膏蛋白胨培养基 beef extract peptone medium
培养基 medium

P

培养皿 petri dish
培养液 culture solution
平板 plate
平板划线 streak plate
平板菌落计数法 enumeration by plate count method
匍匐枝 stolon
葡萄糖蛋白胨培养基 glucose peptone medium
普遍性转导 general transduction

Q

齐氏石炭酸复红染液 Ziehl's carbolfuchsin solution
气生菌丝 aerial hypha（复：hyphae）
倾注法 pour-plate method
琼脂扩散法 agar diffusion method
琼脂糖凝胶 agarose gel

R

溶菌酶 lysozyme
乳酸石炭酸液 lactophenol solution
乳糖蛋白胨培养基 lactose peptone medium

乳糖发酵 lactose fermentation

S

生长曲线 growth curve
石炭酸（酚）phenol
甲基红实验 methyl red test
噬菌斑 plaque
噬菌体裂解 phage lysis
数值孔径 numerical aperture (N. A)
双筒显微镜 binocular microscope
水浸法 wet-mount method
四环素 tetracycline
酸性没食子酸 pyrogallic acid

T

肽聚糖 peptidoglycan
挑菌落 colony selection
涂布器（刮刀）scraper
涂抹培养 smearing culture
脱色剂 decolouring agent

V

V－P实验 Voges-Proskauer test

W

微生物发酵 microbial fermentation
稳定期 stationary phase
无菌操作（无菌技术）aseptic technique
无菌水 sterile water
无菌移液管 sterile pipette
无性繁殖 vegetative propagation
物镜 objective，objective lens

X

稀释分离法 isolation by dilution method
稀释液 diluent (diluted solution)
细调节器 fine adjustment
相差显微镜 phase contrast microscope

香柏油 cedar oil

消毒剂 disinfectant

小梗，担子柄 sterigma

斜面 slant

斜面接种 inoculation of an agar slant

悬滴法 hanging drop method

悬液 suspension

血细胞计数板 hematocytometer

Y

芽孢 spore

芽孢染色 spore stain

厌氧培养法 anaerobic culture method

厌氧细菌 anaerobic bacteria

摇床 rotating shaker

伊红美蓝培养基 eosin methylene blue medium

衣原体 Chlamydia

胰蛋白胨 tryptone

移液管 Breed pipette

异染粒 metachromatic granule

异养微生物 heterotrophic microbe

抑菌圈 zone of inhibition

抑制剂 inhibitor

吲哚实验 indole test

营养菌丝 vegetative hypha

油镜 oil immersion

有性繁殖 sexual reproduction

诱变剂 mutagenic agent

诱变效应 mutagenic effect

磷壁酸 teichoic acid

原生质体 protoplast，spheroplast

Z

载玻片 slide

真菌 fungi

振荡培养 shake culture

支原体 mycoplasma

中性红 neutral red

专性厌氧菌 obligate anaerobe

转导 transduction

转导子 transductant

子囊 ascus（复：asci）

子囊孢子 ascospore

附录7 各国主要菌种保藏机构

中国

ACCC	中国农业微生物菌种保藏管理中心
ISF	中国农业科学院土壤肥料研究所
SH	上海市农业科学院食用菌研究所
CACC	抗菌素菌种保藏管理中心
IA	中国医学科学院抗菌素研究所
SIA	四川抗菌素工业研究所
CGMCC	普通微生物菌种保藏管理中心
AS	中国科学院微生物研究所
AS-IV	中国科学院武汉病毒研究所
CFCC	林业微生物菌种保藏管理中心
CAF	中国林业科学院菌种保藏管理中心
CICC	工业微生物菌种保藏管理中心
IFFI	轻工业部食品发酵工业科学研究所
CMCC	医学微生物菌种保藏管理中心
ID	中国医学科学院皮肤病研究所
NICPB	卫生部药品生物制品监察所
IV	中国医学科学院病毒研究所
CVCC	兽医微生物菌种保藏管理中心
CIVBP	中国兽医药品监察所
YM	云南省微生物研究所
GIMCC	广东省微生物研究所微生物菌种保藏中心
CCTCC	中国典型培养物保藏中心，武汉大学
CCDM	华中农业大学菌种保藏中心，华中农业大学
CMBGCAS	海洋微生物中心
HKUCC	香港大学保藏中心，香港大学
CUHK	香港中文大学保藏中心，香港中文大学
BCRC	台湾生物资源保藏研究中心，台湾新竹

国外

ATCC（American Type Culture Collection）
美国典型菌种保藏中心

NBRC（NITE Biological Resource Center）
日本技术评价研究所生物资源中心
CBS（Centraalbureauvoor Schimmelcultures）
荷兰微生物菌种保藏中心
KCTC（Korean Collection for Type Cultures）
韩国典型菌种保藏中心
UKNCC（The United Kingdom National Culture Collection）
英国国家菌种保藏中心
NCIMB（National Collections of Industrial，Food and Marine Bacterial）
英国食品工业与海洋细菌菌种保藏中心

附录8　国内外著名微生物学网站

1. General Microbiology
http://www.biozone.co.uk/biolinks/MICROBIOLOGY.html

2. 中国微生物信息网络
http://micronet.im.ac.cn/chinese/chinese.html

3. 医学微生物教学录像
http://lib.shsmu.edu.cn/micro/jxkj.htm

4. 复旦分子病毒学习园地
http://mvlab-fudan.cn/part10.htm

5. 华中农业大学微生物学微生物教学网站
http://nhjy.hzau.edu.cn/kech/biology/

6. 上海第二医科大学——微生物学
http://lib.shsmu.edu.cn/micro/

7. 山东大学病原生物信息网
http://www.pathobio.sdu.edu.cn/

8. Winconsin 大学细菌学系
http://www.bact.wisc.edu/microtextbook/index.html

9. Free Medical Journals
http://www.freemedicaljournals.com/

10. 微生物学电子期刊
http://www.e-journals.org/microbiology/

11. 昆克尔显微观察
http://www.pbrc.hawaii.edu/kunkel

12. 活生生的细胞
http://www.cellsalive.com

13. 细菌学网站
http://ecocyc.org/background.shtml

14. Retroviruses 在线版
http://www.ncbi.nlm.nih.gov/books/

15. 美国环保中心，环境微生物
http://www.epa.gov/nerlcwww/

16. Online Learning Center
http://highered.mcgraw-hill.com/sites/0072320419/

17. 美国马里兰大学的微生物学教学网站

http://www. marylandonline. org/

18. 农业微生物资源及其应用农业部重点实验室

http://www. cau. edu. cn/agromicro/

19. 中国工业微生物菌种保藏中心

http://www. china-cicc. org/

20. 中国科学院武汉病毒研究所

http://www. whiov. ac. cn/index002. htm

21. 中国科学院微生物研究所

http://www. im. ac. cn/chinese. php

22. 中国微生物潜在资源信息数据库

http://www1. im. ac. cn/mrdc/mrdc. htm

23. 中国微生物菌种数据库

http://www. im. ac. cn/database/catalogsc. html

24. 中国微生物学会

http://www. im. ac. cn/im/csm/

25. 微生物物种编目数据库（真菌物种部分）

http://www1. im. ac. cn/species/speciesnew. htm

26. 土壤微生物学词汇

http://dmsylvia. ifas. ufl. edu/glossary. htm

27. 真菌新种数据库

http://www1. im. ac. cn/newsp/index. html

28. 国际计算机用微生物性状编码数据库

http://micronet. im. ac. cn/RKC. html

29. 革兰氏阴性杆菌编码鉴定数据库

http://micronet. im. ac. cn/database/gnb/gnb. shtml

30. American Society for Microbiology

http://www. journals. asm. org/

31. Canadian Society of Microbiologists

http://www. aoac. org/

32. DIVERSITAS

http://diversitas. mirror. ac. cn/

33. Frontiers in Bioscience

http://bioscience. mirror. ac. cn/

34. George Washington University Medical Center

http://www. gwumc. edu/microbiology/

35. ICTVdB

http://ictvdb. mirror. ac. cn/

36. JCM On-line Catalogue

http://www. jcm. riken. go. jp/JCM/catalogue. html

37. Journal of General Virology

http：//vir. sgmjournals. org/

参 考 文 献

桂芳，2009. 微生物学检验实验指导［M］. 北京：中国医药科技出版社.

胡桂学，2006. 兽医微生物学实验教程［M］. 北京：中国农业出版社.

黄秀梨，2007. 微生物学实验指导［M］. 北京：高等教育出版社.

李英信，2011. 微生物学与免疫学实验［M］. 北京：人民卫生出版社.

刘素纯，吕嘉枥，蒋立文，2013. 食品微生物学实验［M］. 北京：化学工业出版社.

牛天贵，2011. 食品微生物学实验技术［M］. 2版. 北京：中国农业大学出版社.

沈萍，陈向东，2007. 微生物学实验［M］. 北京：高等教育出版社.

万萍，2010. 食品微生物基础与实验技术［M］. 2版. 北京：科学出版社.

赵斌，何绍江，2002. 微生物学实验［M］. 北京：科学出版社.

郑平，2005. 环境微生物学实验指导［M］. 杭州：浙江大学出版社.

周德庆，2006. 微生物学实验教程［M］. 2版. 北京：高等教育出版社.

周红丽，张滨，刘素纯，2012. 食品微生物检验实验技术［M］. 北京：中国计量出版社.

图书在版编目（CIP）数据

微生物学实验指导 / 李太元，许广波主编. —北京：
中国农业出版社，2016.8（2022.7 重印）
全国高等农林院校"十三五"规划教材
ISBN 978-7-109-22002-7

Ⅰ.①微…　Ⅱ.①李…②许…　Ⅲ.①微生物学—实
验—高等学校—教材　Ⅳ.①Q93-33

中国版本图书馆 CIP 数据核字（2016）第 184099 号

中国农业出版社出版
（北京市朝阳区麦子店街 18 号楼）
（邮政编码 100125）
责任编辑　郑　君

中农印务有限公司印刷　新华书店北京发行所发行
2016 年 8 月第 1 版　2022 年 7 月北京第 4 次印刷

开本：787mm×1092mm　1/16　印张：13.75
字数：320 千字
定价：39.00 元
（凡本版图书出现印刷、装订错误，请向出版社发行部调换）